欢乐数学营

数学糖果

2

漫话趣味小知识

胡顺鹏

李旭 绘

人 民 邮 电 出 版 社

北 京

图书在版编目（CIP）数据

数学糖果. 2，漫话趣味小知识 / 胡顺鹏著 ; 李旭绘. -- 北京 : 人民邮电出版社，2025.1
（欢乐数学营）
ISBN 978-7-115-49681-2

Ⅰ. ①数… Ⅱ. ①胡… ②李… Ⅲ. ①数学－青少年读物 Ⅳ. ①01-49

中国国家版本馆CIP数据核字(2023)第246105号

内 容 提 要

本书为“数学糖果”系列的第 2 册，依然秉承“从发散性的思考中寻找乐趣，从系统性的总结中拓展认知”的原则，结合数学史料、趣味科普知识、实际生活经验，配以丰富的卡通图画，展示数学中的 20 个知识点。

本书内容包括 3 部分：第 1 部分包括无穷、最不利原则、递推等思维小知识；第 2 部分包括无理数、杠杆、方程等算术小知识；第 3 部分包括立体图形、皮克公式、帕普斯定理等几何小知识。

数学家牛顿曾称自己是在真理的海边拾捡漂亮贝壳的孩童。本书在选择知识点时向这个有趣的比喻致敬：在数学的海边堆积了一些有趣的小石头——书中 20 个知识点皆与小石头相关。希望在数学的海边漫步的各位读者，可从这堆小石头中收获拾捡钟意之物的乐趣。

◆ 著　　　胡顺鹏
绘　　　李　旭
责任编辑　王朝辉
责任印制　陈　犇

◆ 人民邮电出版社出版发行　　北京市丰台区成寿寺路 11 号
邮编　100164　　电子邮件　315@ptpress.com.cn
网址　https://www.ptpress.com.cn
北京印匠彩色印刷有限公司印刷

◆ 开本：690×970　1/16
印张：13　　　　2025 年 1 月第 1 版
字数：83 千字　　　2025 年 1 月北京第 1 次印刷

定价：69.00 元

读者服务热线：(010)81055410　印装质量热线：(010)81055316
反盗版热线：(010)81055315
广告经营许可证：京东市监广登字 20170147 号

目录

1 思维小知识

2 算术小知识

3 几何小知识

1 思维小知识

1. 无 穷

美国作家房龙在《人类的故事》中讲述了这样一个诗一般的故事——

在遥远的北方

有一个地方

那里矗立着一块巨石

巨石高100英里[1]、宽100英里、长100英里

每隔1000年

便有一只小鸟飞来

在这巨石上磨喙

当石头被磨光的时候

对“永恒”来说

才似过了一天

① 1英里约为1.6千米。

小鸟：磨掉一个小角啦，离永恒还差多少？
时间：别着急，才过了 1000 年……

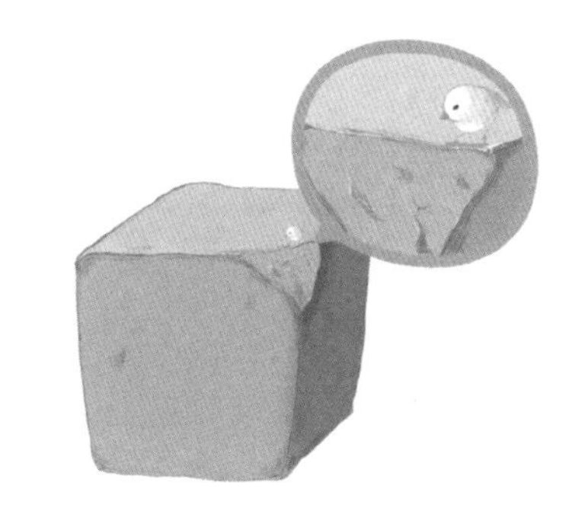

小鸟：磨掉一个大角啦，靠近永恒了吗？
时间：别着急，才过了 1000 万年……

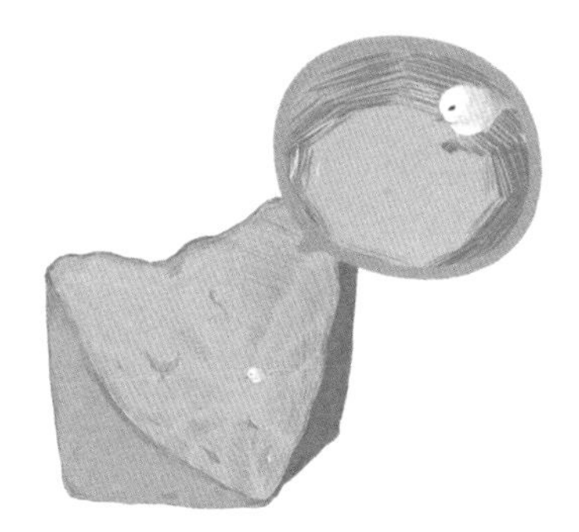

小鸟：磨掉很大很大一块啦，到永恒了吗？
时间：别着急，才过了 1000 亿年……

小鸟：离永恒究竟还差多少啊？
时间：差得远着呢……

———————漫话小知识———————

- 故事中的“永恒”与数学中的一个概念相关：无穷。
- 无穷或称无限，意指没有尽头、没有边界。
- 想一个尽量大的数：1000、1000万、1000亿……但再大都不够大，无穷大是大到“没有边”，比任何所能想到的确定的数都要大。
- 无穷大或无穷小，强调的不是确定的数，强调的是一种概念。
- 无穷的数学符号为“∞”，形似一条默比乌斯带，但无穷的概念出现得比数学家默比乌斯早很多。
- 默比乌斯带由19世纪德国数学家默比乌斯和利斯廷几乎同时独立发现，但默比乌斯带的图形在2世纪左右的罗马镶嵌画中就曾出现过。
- 数学家默比乌斯曾师从德国数学家高斯。
- 取一根纸带，将一端旋转180度，再将两端粘接，可得一条默比乌斯带。普通的环形纸带有两个面，而默比乌斯带只有一个面。

手指很快就能数完，不是无穷！
星星很久才能数完，但也不是无穷……

无穷：我不是一个确定的数！
我是不会站到队尾的！

站直我是“8”！
躺平我就是“无穷”，厉害吧！

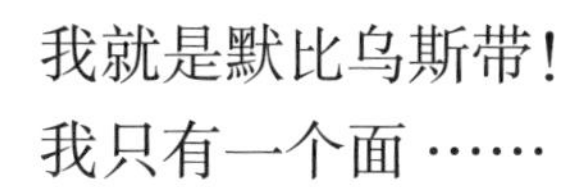

我就是默比乌斯带！
我只有一个面……

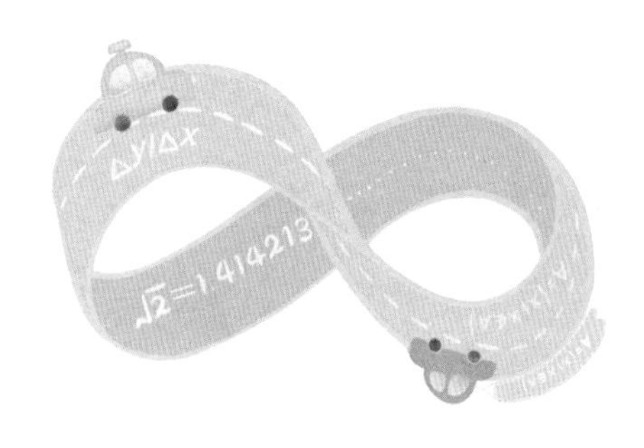

- 数学史上的第一次数学危机、第二次数学危机都与无穷有关。
- 第一次数学危机：起因是无理数。危机在于无理数不能用整数或整数的商表示。从小数角度看，无理数属于无限不循环小数。
- 第二次数学危机：起因是无穷小量。危机在于无穷小量这个“量”究竟是不是0——若是0会有问题，若不是0仍有问题。
- 第三次数学危机：起因是集合论中具有自我指涉性的集合悖论——罗素悖论。悖论，通常指经逻辑推理后总得出对立结论的一类命题。
- 罗素悖论常借“理发师悖论”来解释：理发师宣布“只给不给自己刮胡子的人刮胡子”，那么他该不该给自己刮胡子？
- 集合论由数学家康托尔创立。康托尔提出无穷与无穷也是有区别的，并给出了比较无穷集合的方法。比较所使用的基本法则：一一对应。
- 无穷集合的大小关系与直观感受到的大小关系并不一样。例如由正整数构成的无穷集合 $\{1,2,3,4,\cdots\}$ 与由正偶数构成的无穷集合 $\{2,4,6,8,\cdots\}$ 一样大。

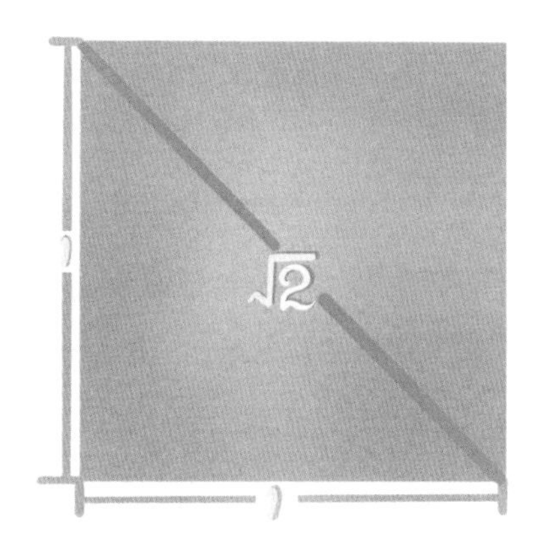

$\sqrt{2}$：我是无理数，我带来了第一次数学危机！

Δx：我是无穷小量，我带来了第二次数学危机！

罗素悖论：还有我，我带来了第三次数学危机！

正整数：我们的队伍居然一样长！
正偶数：没错，部分可以等于整体！

- 无限循环小数0.999…是被这样理解的：小数点右边有很多个9，多到永远也写不完。

- 无限不循环小数比有限小数、无限循环小数多得多——无理数远多于有理数。

- 一棵向日葵的真实高度、一只小狗的真实体重，往往是一个无限不循环小数，是难以被准确地度量的。真实值无法度量却需要描述，便产生了近似值、准确度等概念。

- 中国哲学家庄子在《庄子·杂篇·天下》中记有：至大无外，谓之大一；至小无内，谓之小一。一尺之棰，日取其半，万世不竭。这些描述都涉及无穷的思想。

- 英国诗人威廉·布莱克的诗句涉及过无限的概念：一粒沙里容世界，一朵花内见天堂，一掌之中纳无限，刹那之间存永恒……

- 瑞士数学家约翰·伯努利说：在无穷中领悟分分秒秒是多么快乐啊！从小小的数中感知到的浩瀚是多么神圣啊！

0.99999…

世界的尽头让一让，
我来了……

狗狗对不起，
我称不出你的真实体重……

来呀，比比呀！
看谁更大……

————思考思考————

怎样尝试理解 1=0.999…？

【分析1】

假设 $1 \neq 0.999\cdots$，则存在一个数 A，满足 $1>A>0.999\cdots$（两个不相等的数之间总存在其他数，例如两者的平均数）。

发现找不到满足 $1>A>0.999\cdots$ 的有限小数或无限小数 A。

所以假设不成立。

即 1=0.999…。

【分析2】

$1\div3=0.333\cdots$，同时 $1\div3=\frac{1}{3}$，那么 $0.333\cdots\times3=\frac{1}{3}\times3$。

或是 $0.333\cdots+0.333\cdots+0.333\cdots=\frac{1}{3}+\frac{1}{3}+\frac{1}{3}$。

即 $1=0.999\cdots$。

【分析 3】

已知一个小数 $\times 10$, 其小数点向右移动一位。

令 $A=0.999\cdots$,

则 $10A=9.999\cdots$,

$10A-A=9.999\cdots-0.999\cdots$,

得 $9A=9$，$A=1$,

即 $1=0.999\cdots$。

2. 最不利原则

在《北欧神话》中有这样一则故事——

天地初创，诸神追随众神之神奥丁来到永不封冻的伊达沃特平原建设家园阿斯加德。

阿斯加德的建设耗尽诸神的精力，致使他们再无余力修建最后的围墙。

这时，一位霜巨人前来应聘，他自信能在3个冬天内修筑完高耸入云、绵延千里的围墙。条件是给他：爱神、太阳和月亮。

诸神认为霜巨人在开玩笑，所以反以戏弄——同意霜巨人的要求，但附加更苛刻的条件：在一个冬天内完工，且不可假借他人之手；若违约，霜巨人需要支付违约金——他的性命。

霜巨人仍然同意了。

工程的进度超出诸神的预测，秘诀在于霜巨人有匹工作效率极高的神驹。在合约期限的最后时刻，巍峨的围墙已将阿斯加德封闭式环绕，唯欠城门上的最后一块石头。

这时，一匹漂亮的小马欢快地跳跃到连续工作的神驹面前，吸引它玩耍、打闹，配合它追逐，带它消失在了远方。

最终，工程因“最后一块石头”没有完工。

霜巨人因此违约，不得不支付违约金：自己的性命。

诡计之神洛基不知道最不利原则，
但他知道漂亮的小马来自哪里……

———————漫话小知识———————

- 上述“最后一块石头”的问题与数学中的一个概念相关：最不利原则。
- 最不利原则，常称最倒霉原则、最差原则……指考虑最不利于一件事情成功发生的情况。
- 最不利可理解成“事情离成功仅差最后一步的状态”。以下是关于最不利的几个例子。

  ①霜巨人完成了绝大部分工作，离完工仅差最后一块石头。该工作状态即属于最不利状态。

  ②考 60 分可得到一件梦寐以求的礼物，结果考了 59 分。该状况即属于最不利状况。

  ③拿口袋里的一串钥匙开锁，结果试到最后一把才把锁打开。该选择即属于最不利选择。
- 最不利原则不是为了拦截一件事以阻止它成功发生。相反，它展示了“保证”一件事成功发生的底线：一件事如果在最不利的情况下成功发生了，那么在其他情况下也一定可以成功发生。

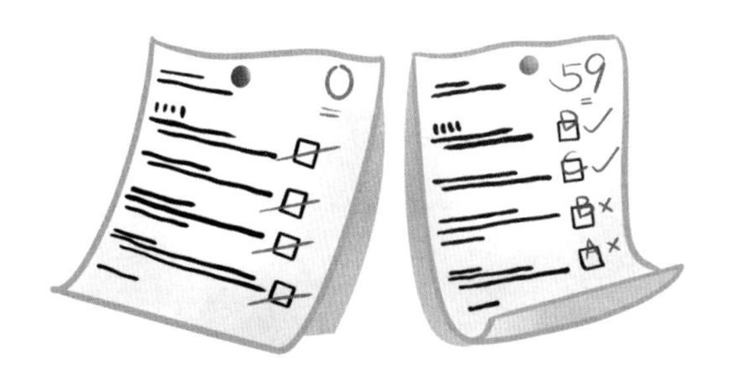

0 分不是比 59 分更倒霉吗？
——不！ 59 分是倒霉，0 分算活该！

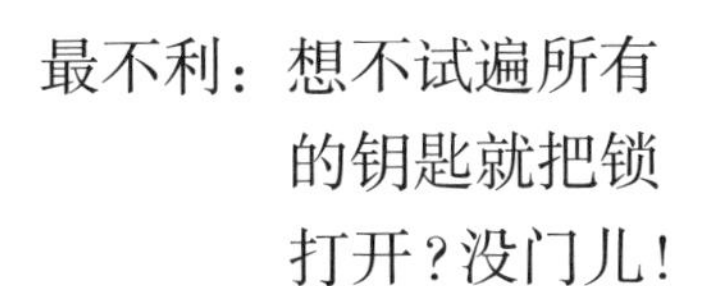
最不利：想不试遍所有的钥匙就把锁打开？没门儿！

最不利：如果我都可以举起杠铃，那你们也一定都可以……

- 数学中与最不利原则密切相关的内容是抽屉原理，又称鸽巢原理、鸽笼原理、狄利克雷原理。
- 抽屉原理1: 把 n 个苹果放进 m 个抽屉，若 $n>m$, 则至少有一个抽屉含有的苹果数大于或等于2。
- 抽屉原理2: 把多于 nm 个的苹果放进 m 个抽屉，则至少有一个抽屉含有的苹果数大于或等于 $n+1$。
- 抽屉原理由德国数学家狄利克雷提出。
- 狄利克雷曾师从高斯，在高斯去世后，他继任了高斯在德国哥廷根大学的教授席位。
- 狄利克雷去世后，数学家黎曼接替了他的教授席位。
- 一道小题：4个足球队互相比赛一场，胜者积3分，平局各积1分，败者积0分。若只有两个队可以出线，请问：保证出线的分数至少为多少分？

  小题解答：构造最不利出线的情况，即第三名得分最高的情况——第三名得分与第一、二名得分一样，第四名得0分。此情况下第三名最高可得6分，故保证出线的分数至少为7分。

鸽兄，“鸽”多“巢”少，
你只能挤一挤啦……

不要点我的名字让我回答问题，不要点……
最不利原则：谁最不想被点到，就点谁回答问题！

第三名：第一、二名得分与我得分一样，第四名得0分，此为最不利状态……

——————思考思考——————

不透光的口袋里装有：3 个红球、4 个蓝球、5 个橙球、6 个绿球。所有球的大小、重量、手感完全相同，仅颜色不同。要求：一次性地从口袋中摸出若干球。

问题 1：至少从口袋中摸出几个球，可以保证一定摸到绿球？

问题 2：至少从口袋中摸出几个球，可以保证一定摸到 4 种颜色的球？

问题 3：至少从口袋中摸出几个球，可以保证一定有 2 个球的颜色是相同的？

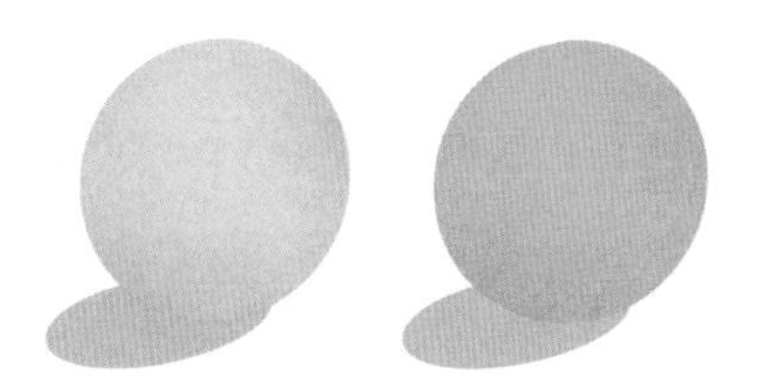

问：能摸出大小区别吗？
答：不能！

问：比较一下重量呢？
答：没有差别！

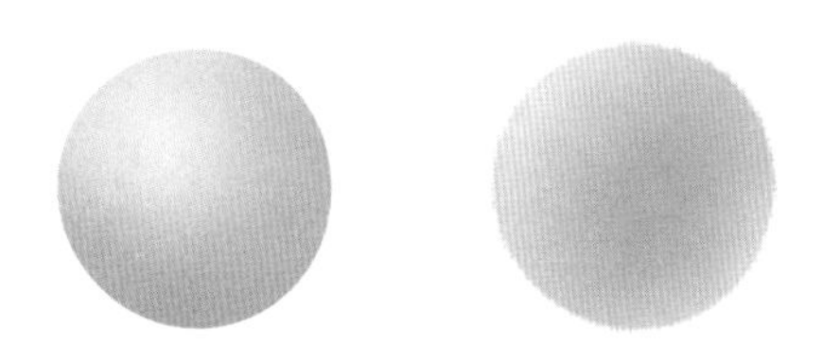

问：光滑度和手感如何？
答：完全一样啊！

唉，那只好考虑最不利原则啦……

【问题 1】

【分析】最不利状态是摸出所有不是绿球的球：3 个红球、4 个蓝球、5 个橙球。只需在此基础上多摸 1 个球即可。

【解答】至少需：(3+4+5)+1=13（个）。

【问题 2】

【分析】最不利状态是摸出如下 3 种颜色的球：4 个蓝球、5 个橙球、6 个绿球。只需在此基础上多摸 1 个球即可。

【解答】至少需：(4+5+6)+1=16（个）。

【问题 3】

【分析】最不利状态是摸出 4 种颜色的球，且每种颜色的球各 1 个。只需在此基础上多摸 1 个球即可。

【解答】至少需：(1+1+1+1)+1=5（个）。

小
取
利

3. 化整为零

从前，有个“弃老国”——

弃老国之名源于该国的风俗：人一旦老了，就要被丢弃到很远很远的地方。

一天，天神降临到弃老国的宫殿，对国王说：“我要问你几个问题，若能答对，则保你家宁国泰；若不能答对，则7日后使你家覆国亡。”

问题1: 两条蛇形色无异，如何辨其雌雄？

问题2: 一头大象，重量如何测得？

问题3: 一捧水有时多于大海，这是为何？

问题4: 一根檀木方正平直，如何辨其根梢？

问题5: 两匹马形色无异，何以辨别母子？

听完问题，群臣共议，脑汁绞尽，依然无果，直叹天将亡国。但故事总有反转……

次日，一位大臣上殿将问题一一作答。天神很满意，赠国王珍宝无数并许诺保国太平。国王欢喜但也疑惑：问题的答案从何而来？

取得国王赦免罪过的承诺后，大臣坦白：他藏在密室中的老人才是问题真正的解答者。

国王既感慨又惭愧，从此修改国法并普告天下：不得弃老，当孝养父母，尊敬师长。

那么天神提出的5个问题的答案究竟是什么呢？此处只讨论问题2。老人所述的测重方法正是中国“曹冲称象”的方法：通过称量一块块石头，从而称出大象的重量。

石头：大象，你一定答应我要站稳，不要乱动到水里去！
大象：石头，你也一定站稳，不要乱动到我的脑门上……

——————漫话小知识——————

- 故事中用石头称大象的操作与数学中的一种思想相关：化整为零。
- 大象属于“整”，其重量不方便直接测量。石头属于“零”，其重量方便直接测量。通过测量石头的重量从而测量大象的重量，即应用了化整为零的思想。
- 化整为零思想的一些应用——

  ①几何中的分割法：整个图形面积不容易直接计算时，可考虑把它分割成容易计算面积的小图形。

  ②数论中的分解质因数：大的数不容易直接分析时，可考虑把它分解成质数（亦称“素数”）乘积的形式，尝试分析质数。

  ③游乐场中卖水果的老板：通常以“块”为单位售卖菠萝，而不选择以“个”为单位。
- 蚂蚁觅食时常使用化整为零的思想。蚂蚁队伍把巨大的食物分割成小块，把它们“化整为零”地带回巢穴。

不要直接问我的脸有多大！
要把问题细化：耳朵多大？下巴多大……

加法：我认为数的构造单位是 1……
乘法：我认为数的构造单位是质数……

想不想吃“一个”菠萝？
——不！我只想吃“一块”菠萝……

蚂蚁们上不上数学课？
它们从哪儿学的“化整为零”啊！

- 现代家具常使用化整为零的思想。把大块头的家具分割成多个可组装的部件，方便运输。
- 空间站的建设也使用化整为零的思想：在地面上将空间站拆分，单独送入太空，然后在太空中对接组装，建成空间站。
- 为建设阿斯旺水坝，埃及的阿布辛贝神庙的建筑主体与巨大的石像被化整为零地切割成小块，然后迁去新址重新组装成了现在的神庙。
- 美国研制原子弹的“曼哈顿计划”被化整为零地拆分成了很多部分，除了少数几位负责人，大部分科学家只了解计划的一部分。
- 学习过程也包含化整为零的思想。知识本没有界限，为更高效地研究和传承，把知识从整体分割成了：数学、物理、化学、历史、地理……
- 亚里士多德因通晓“所有的知识”而被称为博物学家。在教育方面，他开启了教学分科。
- 欧洲文艺复兴时期出现了很多博物学家，因为文艺复兴的重要精神就是追求人的全面发展，学习一切可学到的知识与技能。这些人被称为“文艺复兴人”或“全才”。

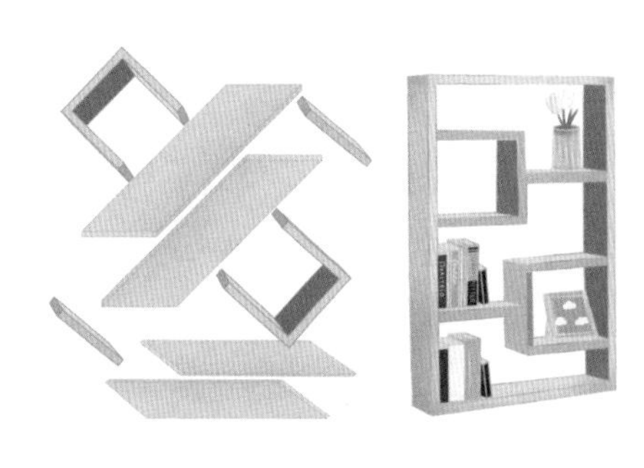

书架：啊呀！为什么要把我拆分？
老板：为了方便运输，节省路费……

空间站：把我拆分也是为了省路费？
火箭：这样我才能把你带上天……

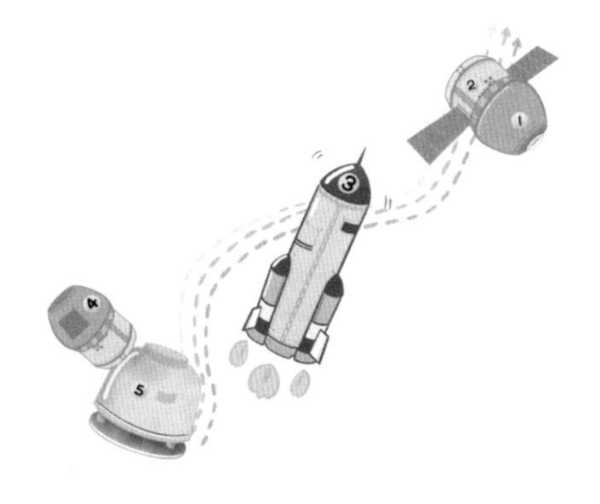

神庙：我这么大你们居然也能移动！
——见识到化整为零的威力了吧！

学生：老师，您教我们哪一科？
老师：我可以全教……

● 统计显示，相比于放长假，少量多次地放假对全年的旅游经济贡献更大。这是现在减少“黄金周七天长假”，增加“三天小长假”的原因之一，也是化整为零的思想。

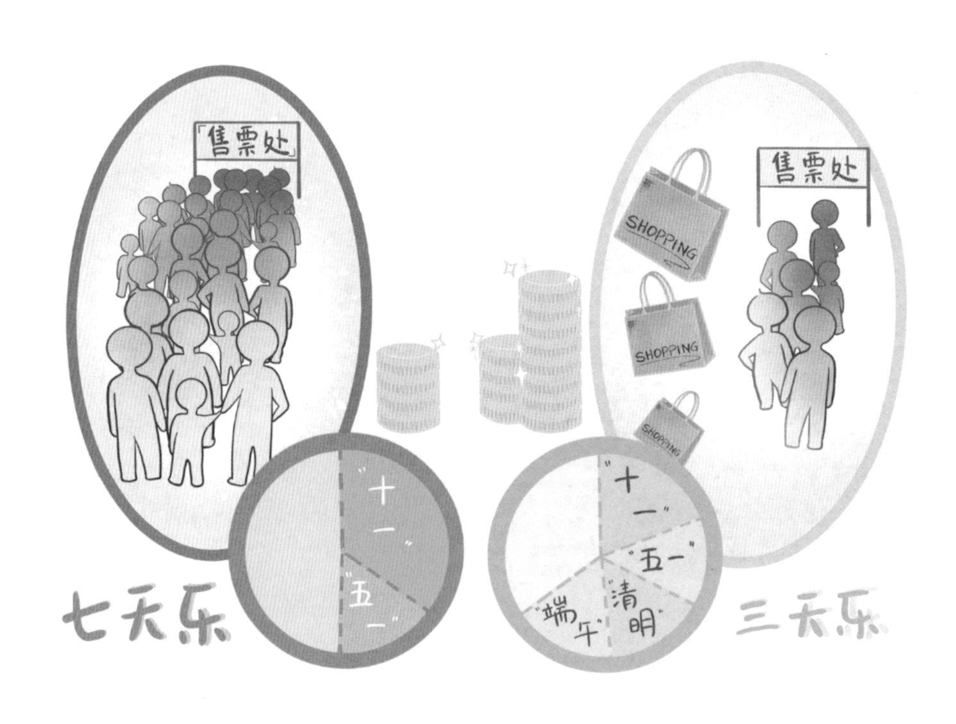

少量多次地放假，既不那么拥挤，又能更好地促进经济发展，多好！那如果每上三天班，就放三天假，会不会更好？

——————思考思考——————

下图由 3 个大小相同的正方形组成，试把它分割成形状、大小相同的 4 部分。

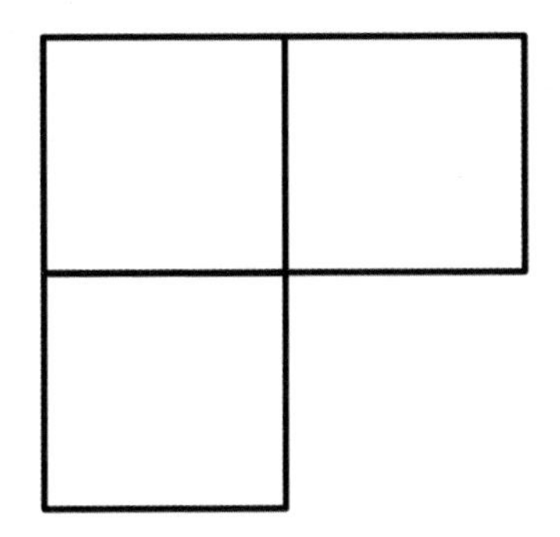

下图大正方形的面积为 18，内部长方形的 4 个顶点恰在正方形各边的三等分点上，试选用一种方法，求长方形的面积。

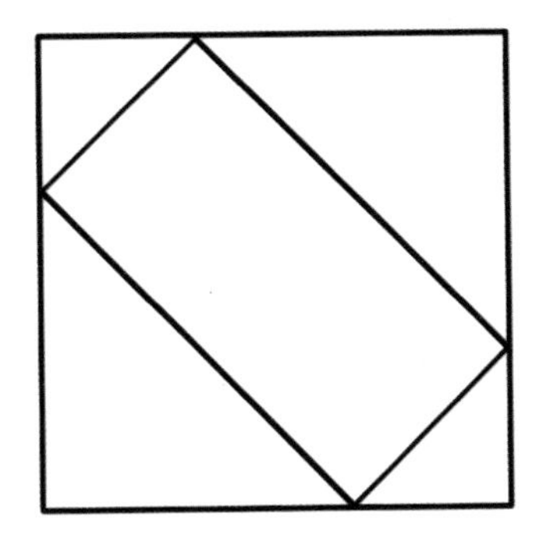

【解答】如下图，先将图形分割成大小相同的 12 个小正方形，再将每 3 个小正方形组合成一体即可。

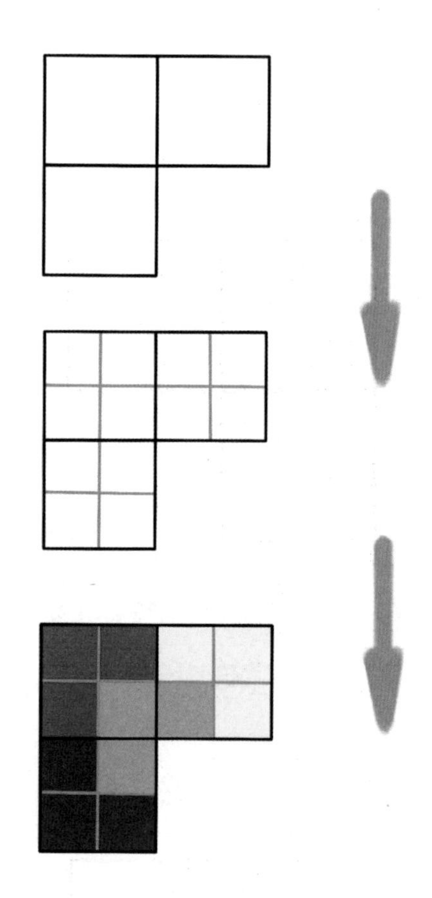

【解答】如下图，将图形分割成大小相同的 18 个等腰直角三角形，则每个等腰直角三角形的面积为 1。因为长方形是由 8 个等腰直角三角形构成的，所以其面积为 8。

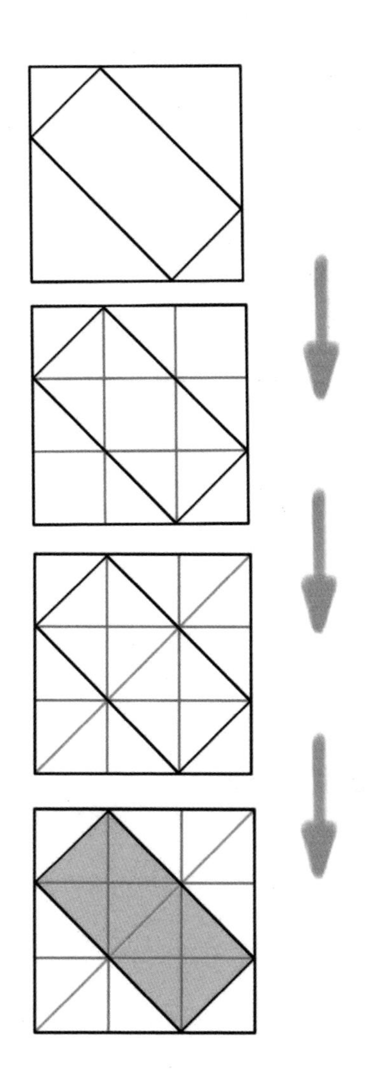

4. 递 推

世界始于何时、终于何日？故事里给过这样一个答案——

在印度的圣庙中，有一块黄铜板，黄铜板上有3根金刚石柱。

在其中一根金刚石柱上，从下到上叠放着由大到小的64片黄金圆盘——由印度神梵天创造世界时放置。

这便是汉诺塔。

每一天，不分白昼黑夜，都有一位僧侣在汉诺塔前移动黄金圆盘。他的目的是将64片黄金圆盘全部转移到另一根金刚石柱上。

转移的过程中遵循两个规则：每次只能移动一片黄金圆盘；小的黄金圆盘必须放置在大的黄金圆盘之上。

当所有64片黄金圆盘全部转移完成时，世界将在一声霹雳中消失。

这便是世界末日。

根据移动的规则推算可知，僧侣在每一步都移对的前提下，需要移动 $2^{64}-1$ 次。倘若移动的速度是每秒移动一片，所需要的总时间约为 5800 亿年。

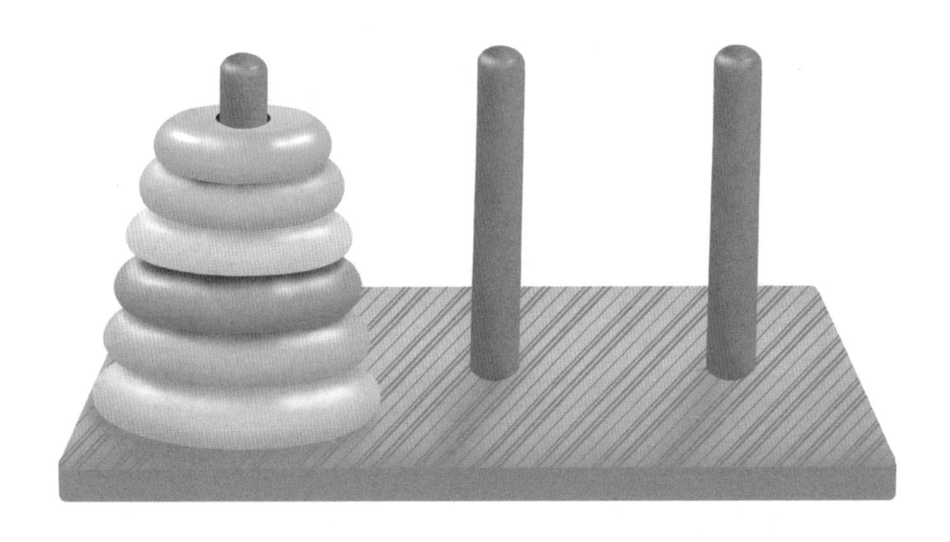

宇宙目前的年龄大约有 138 亿岁，
在故事的时空中，目前的宇宙还很年轻啊……

————漫话小知识————

- 故事中由金刚石柱与黄金圆盘构成的汉诺塔，与数学中的一个概念相关：递推。
- 如何得知需要移动 $2^{64}-1$ 次呢？推算过程如下。

①共 1 片。枚举可知需移动 1 次。

②共 2 片。将最小的 1 片移走，需 1 次；将最大的 1 片移走，需 1 次；将最小的 1 片移来，需 1 次。共移（1+1+1）次，可记作（2+1）次。

③共 3 片。由 2 片的移法可知，将最小的 2 片移走共需（2+1）次；将最大的 1 片移走，需 1 次；将最小的 2 片移来共需（2+1）次。共移 $[2\times(2+1)+1]$ 次，可记作（2^2+2+1）次。

④共 4 片。同理可知共需 $[2\times(2^2+2+1)+1]$ 次，可记作（2^3+2^2+2+1）次。

⑤共 64 片。推算可知共需 $2^{63}+2^{62}+\cdots+2+1=2^{64}-1$ 次。

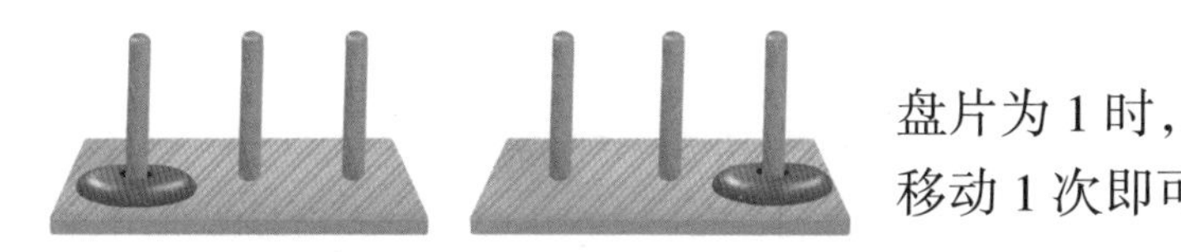

盘片为 1 时，
移动 1 次即可完成……

盘片为 2 时，操作共分 3 步：
第 1 步，将最上的 1 片移走；
第 2 步，将最下的 1 片移走；
第 3 步，将最上的 1 片移回叠起。

盘片为 64 时，想法共分 3 步：
第 1 步，将最上的 63 片移走；
第 2 步，将最下的 1 片移走；
第 3 步，将最上的 63 片移回叠起。

- 上述从1片开始，由少到多依次推算的算法便属于递推。

- 等差数列、等比数列、斐波那契数列，都可被看作递推数列。

  ①等差数列：后一项与前一项的差为固定值，如1,3,5,7,9,…

  ②等比数列：后一项与前一项的商为固定值，如1,2,4,8,16,…

  ③斐波那契数列：从第三项开始，每一项等于前面两项的和，即1,1,2,3,5,8,13,…

- 印度另一个有名的故事：国王问宰相想要什么奖励，宰相说想要麦粒。要求在棋盘的第一个格子放1粒；第二个格子放2粒；第三个格子放4粒……每个格子上麦粒的数量都是前一个格子的2倍。他要的就是棋盘上所有的麦粒。

- 棋盘的总麦粒数也是$2^{64}-1$。这是一个庞大的数，近似是全世界2000年内所生产的全部小麦的数量。

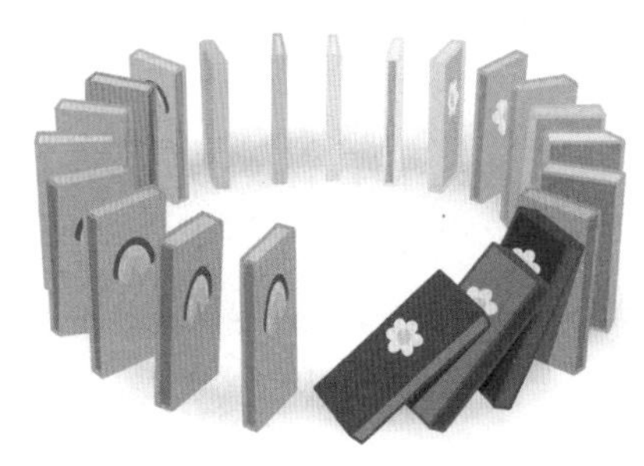

数学期待将人的思维引入秩序之中，
递推规律是秩序的一种呈现形式……

谁是递推数列？
等差数列：我是！
等比数列：我是！
斐波那契数列：我也是！

积跬步，可至千里。
积棋盘麦粒，可成富翁……

宰相：陛下，您会因支付而透支啊！
国王：糟糕！掉进了你的数学陷阱中……

- 递推之“标数法”。从 4×4 方格的左下角走到右上角，要求每次只能向右或向上走一格，总的走法为 20 种。标数法展示如下图。

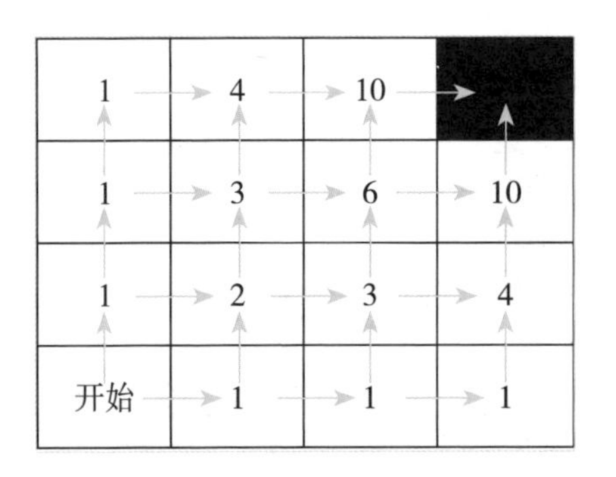

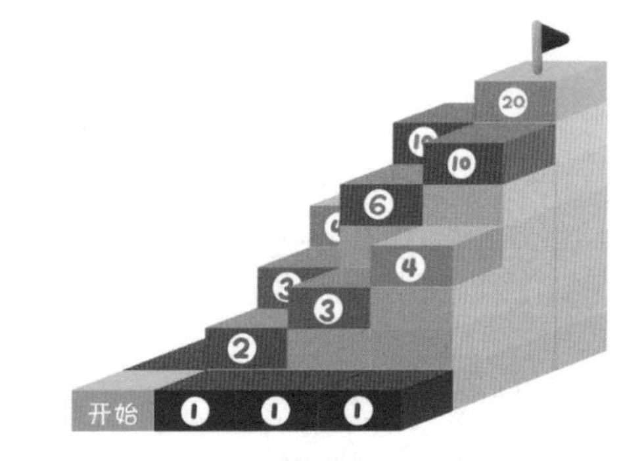

- 递推之“传球法”。甲、乙、丙 3 人互相传球，开始球在甲手中，传球 3 次，球传到甲手中的方法数为 2 种。传球法展示如下图。

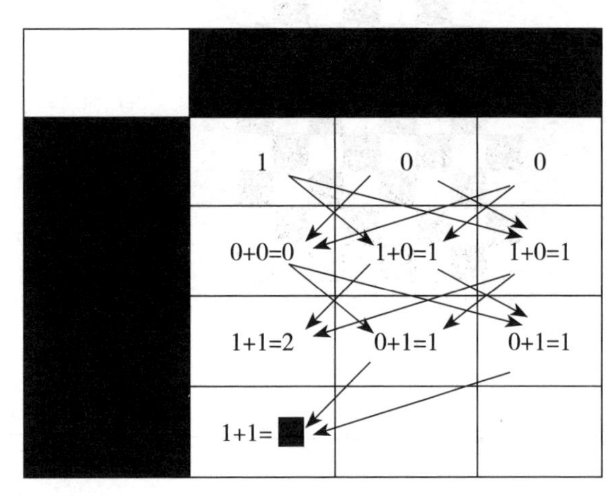

——————思考思考——————

一个每天都要吃糖的小朋友口袋里有 5 块糖。

问题 1：如果每天可以吃 1 块，也可以吃 2 块。那么把 5 块糖吃光共有多少种吃法？

问题 2：如果每天可以吃 1 块，也可以吃 3 块。那么把 5 块糖吃光共有多少种吃法？

问题 3：如果每天可以吃任意多块。那么把 5 块糖吃光共有多少种吃法？

【分析】在每一种规则下，先分析 1 块糖的吃法、2 块糖的吃法、3 块糖的吃法……如此，使用递推的方法，分析 5 块糖的吃法。

【问题 1】

【解答】共有 8 种吃法，解答如下。

糖的数量 / 块	1	2	3	4	5
吃法 / 种	1	2	1+2=3	2+3=5	3+5=8

【问题 2】

【解答】共有 4 种吃法，解答如下。

糖的数量 / 块	1	2	3	4	5
吃法 / 种	1	1	2	1+2=3	1+3=4

【问题 3】

【解答】共有 16 种吃法，解答如下。

糖的数量 / 块	1	2	3	4	5
吃法 / 种	1	2	1+1+2=4	1+1+2+4=8	1+1+2+4+8=16

问题 3 也可以这样考虑——
第一块糖有 1 种命运：第一天被吃掉。
其他糖各有 2 种命运：与上一块同一天被吃掉，或在下一天被吃掉。
总的吃法：$1 \times 2 \times 2 \times 2 \times 2=16$（种）。

数
学
归
纳
法
tui

5. 比　较

船是航海家航行所使用的工具，制造船的材料通常有哪些呢？

① 木材。

古代船只大都使用木材。主要是因为木材的密度大都小于水，且取材容易、便于加工。哥伦布首次横渡大西洋的3艘帆船是木船，郑和7次下西洋的船队使用的也是木船。

② 金属。

现代货船、军舰、潜水艇大都使用金属。钢、铝合金、钛合金因强度高、易于加工而被优先选择。泰坦尼克号的主体材料为钢。

③ 塑料。

玻璃钢，即玻璃纤维增强塑料。玻璃钢船质量轻、强度高、耐腐蚀、外形美观，大多数游轮、游艇都是玻璃钢船。

④ 石头。

石头大都会在水中下沉，但有些石头具有多孔结构，可浮于水中，有的船即由此类石头制作而成。石质的船更多的是用作装饰性建筑，它们被称作“石舫”。

古代数学家大都是天文学家，他们经常研究日月星辰。研究日月星辰主要是基于生活需要，例如指导航海……

————————漫话小知识————————

- 石头的浮沉，与数学中的一个概念相关：比较。
- 比较石头的密度与液体的密度，可判断石头在液体中的浮沉。
- 中东的死海，盐度高、密度大，可以让人浮起。中国的很多盐湖也可以让人浮起，如山西运城盐湖、青海茶卡盐湖。
- 人体的密度与海水的密度差不多，这有利于人在海水中自由地潜游、穿梭。从数学角度看，这或许是对“生命源于海洋”的一种支持。
- 阿基米德定律，又称浮力定律：浸入静止流体中的物体受到一个竖直向上的浮力，其大小等于该物体所排开的流体所受的重力。
- 液体与气体统称为流体。根据阿基米德定律可知：密度小的物体浸入密度大的流体，物体所受的浮力大于物体所受的重力。
- 常听到一个关于比较的脑筋急转弯：1千克棉花与1千克铁，哪个称起来更重？

老师：谁能解释解释“人为什么可以躺在死海上看报纸”？

学生：因为看手机的话手机容易掉进海里，报纸不怕掉进海里？

老师：注意！解释的关键在于“躺”，而不是“报纸”！

我没有思考出重要的定律，
一定是因为泡澡的时间太短……

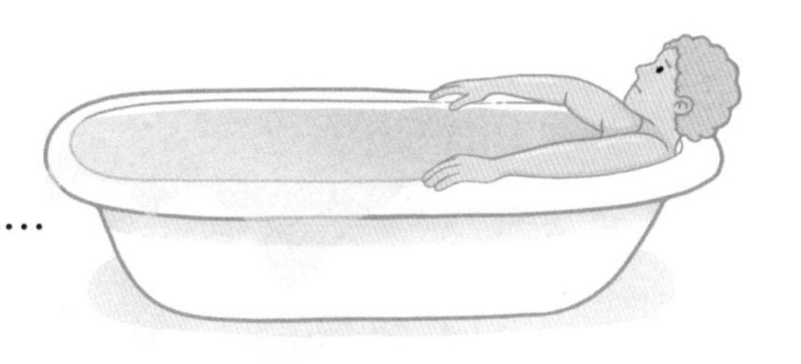

质量与重量是有区别的——
质量的单位是千克。
质量是物体固有的一种属性。
质量不会随空间位置的变化而变化。

重量的单位是牛顿。
重量是物体受地球吸引而产生的。
重量会随空间位置的变化而变化。

- 上述问题的答案通常是：一样重。但若仔细分析，结论会是1千克铁称起来更重。因为棉花的密度小、体积大，1千克棉花在空气中受到的浮力比1千克铁大，所以棉花称起来更轻。

- 数学为现实世界提供了一个重要概念：定量。

- 有了定量，我们对世界的描述方式发生了改变。不再只说我们有很多手指，还会说我们有10根手指；不再只说中国陆地面积很大，还会说中国陆地面积约960万平方千米；不再只说北极星很远，还会说北极星离我们约434光年。

- 定量描述的基础是比较：与计量单位做比较。

①数量的多少：定义计量单位1，将其他数量与1做倍数比较，便有了2、3、4……

②长度的大小：定义计量单位1米，将其他长度与1米做倍数比较，便有了2米、3米、4米……

③面积的大小：定义计量单位1平方米，将其他面积与1平方米做倍数比较，便有了2平方米、3平方米、4平方米……

水中的物体受到向上的浮力，
空气中的物体同样受到向上的浮力……

同学甲：多亏数学，没有数学我就没有 10 根手指啦！
同学乙：你一直有 10 根手指！没有数学你只是不会度量手指的数量……

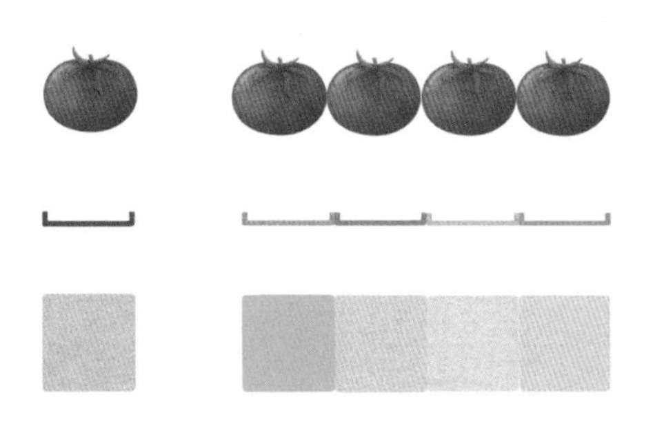

给我足够的计量单位，
我能度量整个世界！

- 度量的本质是进行比较。倍数比较是重点。
- 秦始皇统一度量衡，是指统一了用于比较长度、体积和重量的“计量单位”。
- 休谟原则：哲学家休谟面对可疑问题时喜欢通过比较“可信度”来做肯定或否定判断。如面对“一头牛飞过房顶”这个可疑问题时，他会比较哪一种情况更有可能——牛会飞还是人撒谎。
- 《格列佛游记》中的名句：没有比较，就分不出大小。

——————思考思考——————

如右页图，三角形 ABC 与三角形 CDE 都为等腰直角三角形，已知点 F 为 AB 的中点，求三角形 ABC 与三角形 CDE 的面积之比。

小炮：我们谁的射程远？

大炮：比较一下就知道啦……

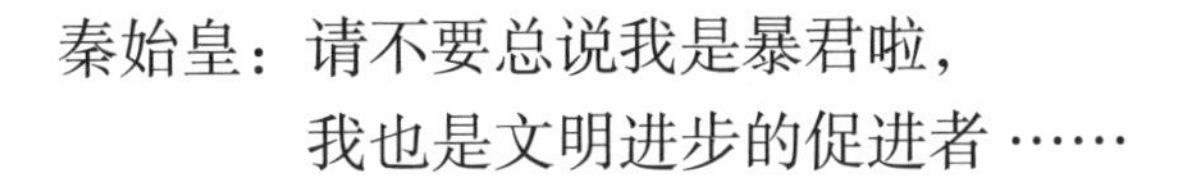

秦始皇：请不要总说我是暴君啦，
我也是文明进步的促进者……

小牛：你不相信我能飞过房顶吗？

休谟：我更相信陈述者在撒谎……

看我！
我就是左页所说的那个图形……

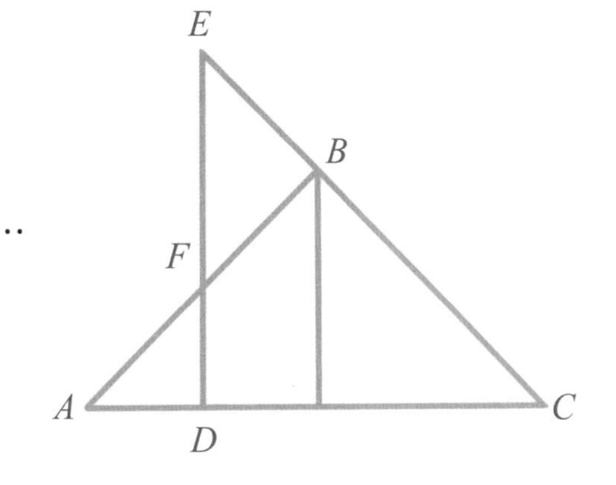

【分析】等腰直角三角形的特点之一是：彼此相似。也就是说，所有的等腰直角三角形形状都相同，只可能是大小不同。

借助等腰直角三角形相似的特点，可将两个等腰直角三角形分割，割出具有相同面积的“计量单位”——具有相同面积的小等腰直角三角形。

通过分析各自所包含的计量单位的数量，求出三角形 ABC 与三角形 CDE 的面积之比。

【解答】三角形 ABC 与三角形 CDE 的面积之比为 8∶9。分割方法如下图所示。

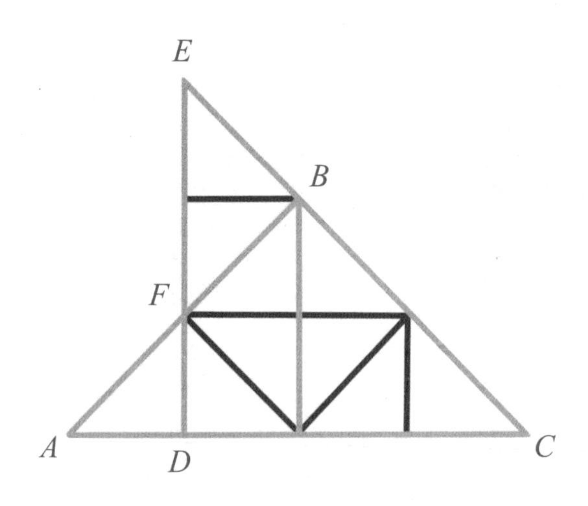

比一比
F=ρgV

6. 排　除

《淮南子》记载了共工与女娲的两段故事，后人把它们串成了一段连续的神话故事——

天地尚未成形时，只是一团混沌之气。后来清阳者薄靡而为天，重浊者凝滞而为地，从此有了天地。

后来精气继续凝聚，天上便有了日月星辰，地上便有了水流尘土。

再后来，共工与颛顼为了争夺帝位而大战，共工发怒，撞倒西北方的不周山，导致撑天的柱子被撞折，系地的大绳被拉断。从此，天倾西北，日月星辰向西北移动，地陷东南，水流尘土向东南流转。

这是共工怒触不周山的故事。下面是女娲补天的故事。

在这时，天塌地裂，大火蔓延不灭，洪水漫流不息，猛兽凶鸟伤人、食人。

于是女娲炼五色石补天，断鳌四足用作撑天柱，积聚芦灰止住洪水，消灭黑龙解救了中原人民。从此人们过上了安稳的日子。

女娲共炼了36501块五色石，补天用去36500块。补天的石头们贡献最大，但被排除的“没用”的那块，却是故事性最丰富的……

女娲：啊呀！多炼了一块五色石，怎么办？
五色石：没关系，虽然不能补天了，但我可以到别的故事中当主角……

———————漫话小知识———————

- 故事中剩下一块五色石的操作方式，与数学中的一个概念相关：排除。
- 很多人都有“排除式的生活观”：不确定自己想要什么，但很确定自己不想要什么。
- 点菜时“不要辣”的备注就是一种排除；吃葡萄吐葡萄皮就是一种排除；吃西瓜吐西瓜籽当然也是。
- 考试做选择题时，排除法是重要方法。
- 数学中“容斥原理”讲的是包含与排除：先将相关的所有对象全包含在内，然后将重复计算的部分排除，最终实现不重不漏。
- 维恩图常用于可视化地展示容斥原理中所关注的研究对象。
- 淘米使用的是排除：想得到大米，不是一粒粒地收集大米，而是将混在大米中的沙土排除。
- 神探夏洛克·福尔摩斯的名言：排除一切不可能的情况，剩下的不管多难以置信都是事实。

不要辣，是一种排除。
吐葡萄皮，也是一种排除……

不知道正确的答案也没关系，
知道哪些答案是错误的就行……

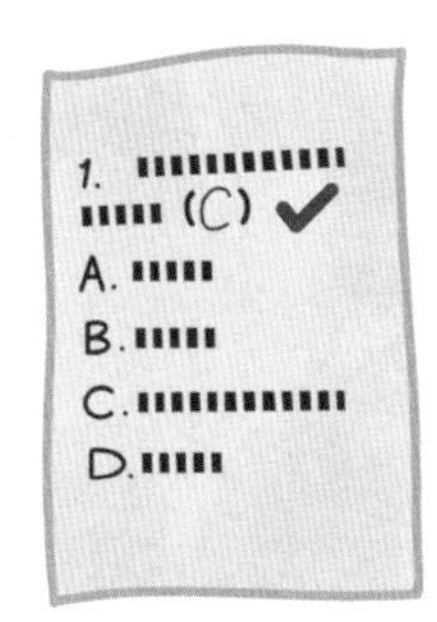

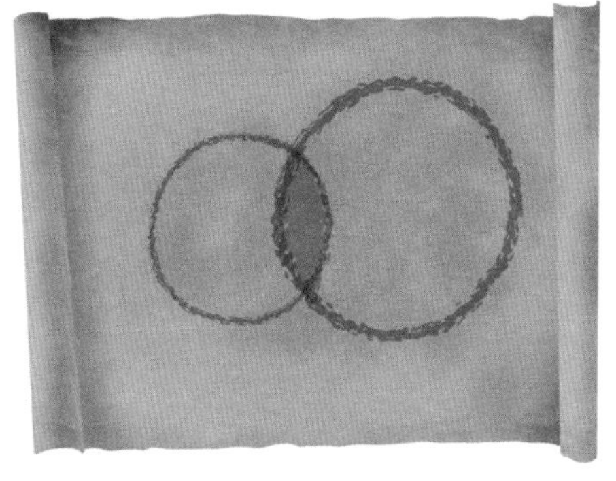

在容斥原理中，
“斥”就是排除的意思……

想要成为神探福尔摩斯，
先从练习使用排除法开始吧……

- 填写数独所依据的主要方法是排除。
- 数独是起源于18世纪瑞士的一种数字游戏，要求在9×9的方格中填数字，保证每行、每列、每个3×3的方格中1～9恰好各出现一次。
- “数独”这一名词源自日本。数独中的“独”，有每个数字在指定区域只单独出现一次之意。
- 几何中常用到排除。如求弓形面积时，思路是：从扇形的面积中排除一个三角形的面积。
- 计数中有排除。如从5男3女中选3人值日，求值日生中至少包括一名男生的选法。思路：从总的选法中排除3人全是女生的选法。
- 欧拉函数常用于求解1～n中与n互质的整数的数量问题。如1～100中与100互质的整数有：$100\times\left(1-\frac{1}{2}\right)\times\left(1-\frac{1}{5}\right)=40$（个）。
- 欧拉函数可被看作一种排除法的应用：从100中排除$\frac{1}{2}$的数，这$\frac{1}{2}$的数是2的倍数；再从剩下的数中排除$\frac{1}{5}$的数，从概率上讲，这$\frac{1}{5}$的数是5的倍数。

9	5				4			8
2	4	6		7			5	9
7	8		6		9	2	3	4
8	6		7	1	3			2
3								7
1			9	4			8	3
5	9	8	2		6		7	1
4	1			8		3	9	6
6			4				2	5

左边是一个九宫数独，
试着填一填吧……

弓形：我的面积怎么求呢？
扇形：从我身上排除一个三角形
　　　的面积就可以……

至少一个男生的情况比较多，
没有男生的情况很少。适合使
用排除法……

100：所有2的倍数都与我不互质，
　　　把它们统统排除……

——————思考思考——————

某人的生日包含在下面的日期中——

6月15日、6月16日、6月19日；

7月17日、7月18日；

8月14日、8月16日；

9月14日、9月15日、9月17日。

已知牛顿知道正确的“月”，高斯知道正确的“日”，他们发生了如下对话。

①牛顿说：“我不知他的生日，但你也不知。”

②高斯说：“开始我确实不知，但现在我已知。”

③牛顿说：“现在我也知道了。”

请问：问题中某人的生日是哪一天？

【分析】使用排除法，分析生日不是哪天。

【解答】由第①句话可知：正确月份不是 6 月也不是 7 月。否则在正确日为 19 日或 18 日时，牛顿无法断定高斯不知道。所以情况只剩下如下 5 种——

8 月 14 日、8 月 16 日

9 月 14 日、9 月 15 日、9 月 17 日

由第②句话可知：正确日不是 14 日。若是 14 日，高斯无法确定正确日期是 8 月 14 日还是 9 月 14 日。所以情况只剩下如下 3 种——

8 月 16 日

9 月 15 日、9 月 17 日

由第③句话可知：正确月份不是 9 月。若是 9 月，牛顿无法确定正确日期是 9 月 15 日还是 9 月 17 日。

所以问题中某人的生日为 8 月 16 日。

2 算术小知识

7. 计 算

文字与数字的起源，有这样一种说法——

在以物易物的制度下，金银并不起重要作用，土地一度是代表财富的唯一形式。

土地的主人避不开要记录土地上私人物品的数量，如羊、谷物、鸡蛋、蜂蜜……

最初，石头被委以重任：用第一堆小石头记录羊的总数量；用第二堆小石头记录谷物的总数量；用第三堆小石头记录鸡蛋的总数量……

为区别一堆堆的石头，并保证每堆石头的数量不被任意修改，聪明的人想出一个办法：把每堆小石头封存在一个黏土球中，并在黏土球的表面刻画一定的图形，以证明其真实性，也表明其代表的物品种类与数量。

继而，更聪明的人出现：既然可以通过刻画图形来表示物品的种类与数量，为什么还需要黏土球中的小石头呢？为什么不能在黏土上直接写写画画呢？

文字与数字由此被创造。

一堆小石头有多少，蜂蜜便有多少！

既然可用图案表示数量，为什么还要用石头呢……

————漫话小知识————

- 上述石头与数学中的一个概念——计算相关。
- 故事发生很久以后出现一个拉丁语词 calculi, 意指“小石头”。在 calculi 这个词的基础上，衍生出 calcul，意指“计算”。
- 计算，即源自“摆弄小石头”。
- 在阿拉伯记数系统进入欧洲之时，有一派欧洲人使用算盘对数量进行记录和计算。
- 欧洲当时使用的算盘，通常是指绘有格线并在其上放置小石头的泥板、木板或石板。通过移动小石头来表示数量及其变化。
- 阿拉伯数字本质上就是一套图形，它起源于印度，传入阿拉伯地区，后进入欧洲……
- “图形”在历史中是一个重要概念。中国人自古至今对印章图形钟爱有加。印章常选用石质材料制作，中国有四大印章石——福建寿山石、浙江青田石、浙江昌化石、内蒙古巴林石。
- 中世纪，欧洲的每一个贵族家庭都拥有专属于自己的盾形徽章。

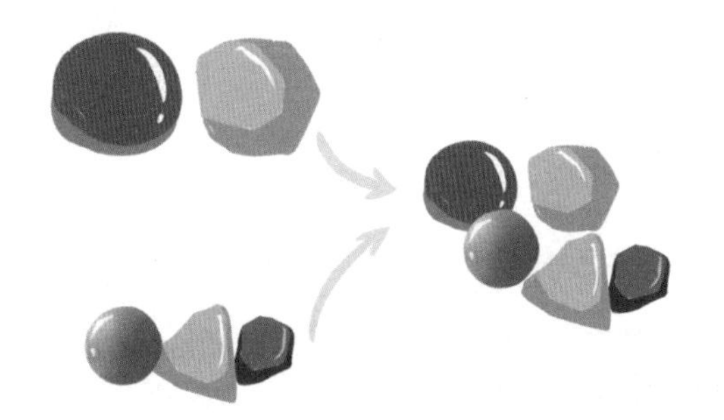

计算的源头 ——
摆弄小石头！

在 13 世纪的欧洲，
算盘是另一种模样 ……

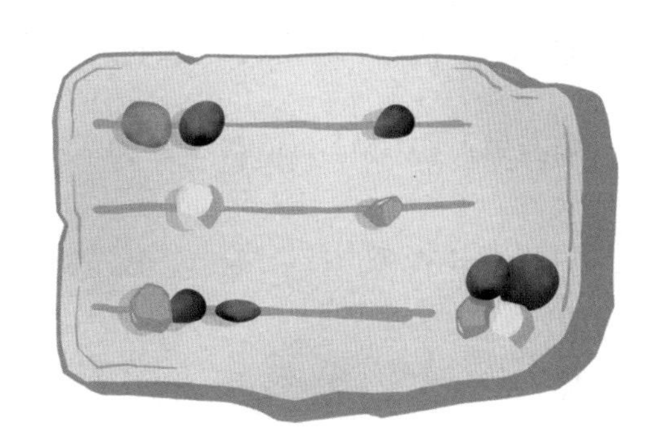

来自：鞠履厚“开卷有益”
石质印章……

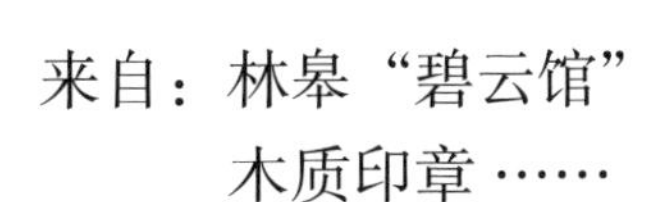

来自：林皋“碧云馆”
木质印章 ……

- 影视剧《权力的游戏》中九大家族的徽章——

  ①史塔克家族：灰色冰原狼。

  ②兰尼斯特家族：金色怒吼雄狮。

  ③拜拉席恩家族：黑色宝冠雄鹿。

  ④坦格利安家族：红色三头火龙。

  ⑤徒利家族：银色鳟鱼。

  ⑥提利尔家族：金色玫瑰。

  ⑦葛雷乔伊家族：金色海怪。

  ⑧马泰尔家族：被枪所贯穿的红色太阳。

  ⑨艾林家族：月亮和白色猎鹰。

- 毕达哥拉斯认为7是表示神性的数字，关于数字7的故事：《权力的游戏》中有七大王国；古代战国时有七雄；古希腊有七艺之说；中国有柴、米、油、盐、酱、醋、茶开门七事……

- 一个意识：数不一定是越小越容易计算，又整又小才容易计算。为方便计算，往往把数化归成整十、整百、整千……

九大家族的徽章——来自影视剧《权力的游戏》

- 比整略小的数，乘法巧算口诀是：减亏、乘整、加亏亏。如：96×97，“整”取100，则96的亏为4，97的亏为3，亏亏=4×3。（计算过程见下图。）

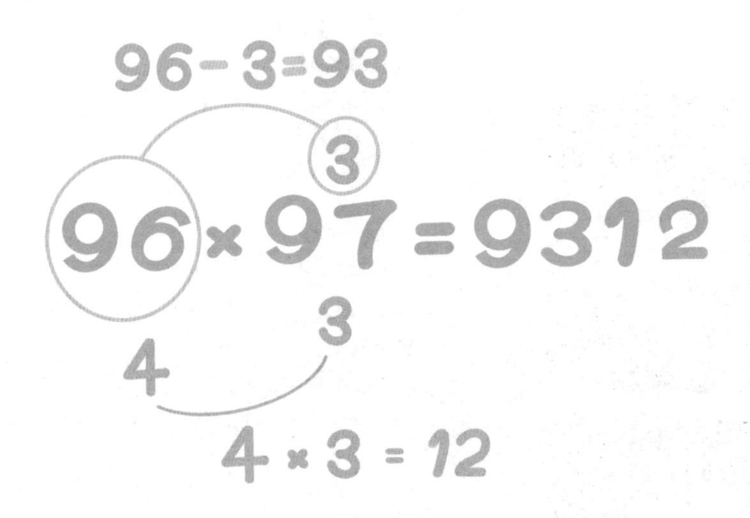

$$96\times 97=(96-3)\times 100+4\times 3=9312$$

或者

$$96\times 97=(97-4)\times 100+4\times 3=9312$$

- 比整略大的数，乘法巧算口诀是：加盈、乘整、加盈盈。如：12×13，“整”取10，则12的盈为2，13的盈为3，盈盈=2×3。（计算过程见右页图。）

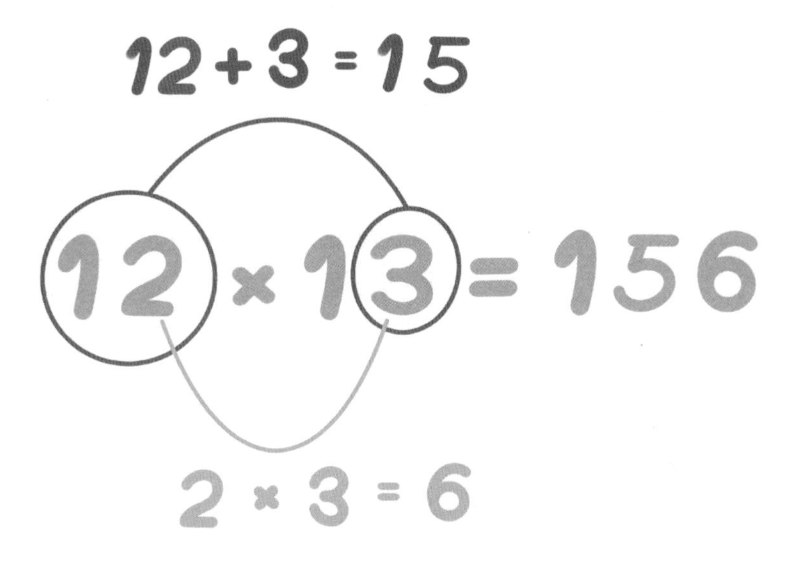

$$12 \times 13=(12+3) \times 10+2 \times 3=156$$

或者

$$12 \times 13=(13+2) \times 10+2 \times 3=156$$

———————思考思考———————

一组小计算：位数相同且近整的乘法巧算。

计算 1: ① 93×92　　② 87×87

计算 2: ① 107×108　　② 112×112

计算 3: ① 993×992　　② 1003×1005

【计算1】

【分析】两组数都接近100，比100少。

【解答】

① 93、92比100分别少7、8。

$93\times92=(93-8)\times100+7\times8=8556$

② 87、87比100分别少13、13。

$87\times87=(87-13)\times100+13\times13=7569$

或87、87比90分别少3、3。

$87\times87=(87-3)\times90+3\times3=7569$

【计算2】

【分析】两组数都接近100，比100多。

【解答】

① 107、108比100分别多7、8。

$107\times108=(107+8)\times100+7\times8=11556$

② 112、112比100分别多12、12。

$112\times112=(112+12)\times100+12\times12=12544$

【计算 3】

【分析】两组数都接近 1000。

【解答】

① 993、992 比 1000 分别少 7、8。

$993\times992=(993-8)\times1000+7\times8=985056$

② 1003、1005 比 1000 分别多 3、5。

$1003\times1005=(1003+5)\times1000+3\times5=1008015$

8. 无理数

数学史上发生过3次数学危机，第一次数学危机的来龙去脉是这样的——

毕达哥拉斯学派由数学家毕达哥拉斯创立，该学派有非常严格的行为准则与信仰。

例如遵循：不吃豆类、不触碰白公鸡、食素、穿白色衣服、温柔敦厚、勤学……

例如相信：数是宇宙的本源，且一切数都可用整数或整数之比表示。

某天，该学派中的希帕索斯发现一个问题，这个问题直接动摇了毕达哥拉斯学派的信仰基础——一切数都可用整数或整数之比表示。

该事件史称“第一次数学危机”。

希帕索斯提出：有些数不能用整数或整数之比表示。例如边长为1的正方形的对角线的长度——现代数学中记该长度为 $\sqrt{2}$。

据说，毕达哥拉斯学派的其他成员无力反驳希帕索斯，于是决定把提出问题的希帕索斯解决掉：把一块石头绑在希帕索斯的脚上，然后推他入海。

故事的结局：石头沉入故事世界的海底，希帕索斯与无理数一起进入数学世界的殿堂，在史册留名。$\sqrt{2}$ 也因此得到一个称谓，即“毕达哥拉斯常数”——并非“希帕索斯常数”。

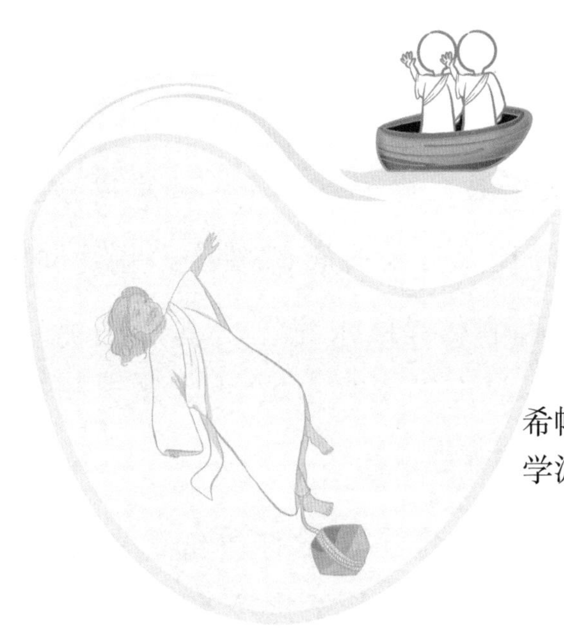

希帕索斯：同学们，别走啊！
学派同学：对不起！我们没找到解决问题的方法，只找到一块儿解决你的石头……

————————漫话小知识————————

- 故事中希帕索斯提出的有些数不能用整数或整数之比表示，与数学中的一个概念相关：无理数。
- 数的分类方法有很多，其中一种是：数包括实数和虚数。其中实数包括：有理数和无理数。
- 有理数：可用整数或整数之比表示。整数、有限小数、循环小数、分数都属于有理数，如3、0.5、1.272727…、9.355555…、$\frac{2}{3}$等。
- 有理数的英文为rational number。rational中的词根ratio即比率的意思。
- 无理数：不可用整数或整数之比表示，即不可写成分数形式，如$\sqrt{2}$、圆周率π、自然对数的底e、黄金分割比Φ。
- 《几何原本》研究了无理数“中末比”，其后来被马丁·欧姆命名为黄金分割比。文艺复兴时美好之物常被形容为如金子般闪闪发光。
- $\sqrt{2}$的一种用途：A型打印纸与B型打印纸的长宽比为$\sqrt{2}:1$，如此可保障裁剪后的长宽比不变——A4纸平分后制得的A5纸，长宽比仍为$\sqrt{2}:1$。

$\sqrt{2}$: 谢谢你成就我们无理数！

希帕索斯：别客气！我们互相成就……

无理数：为什么不能加入你们？

有理数：因为你不能用分数表示……

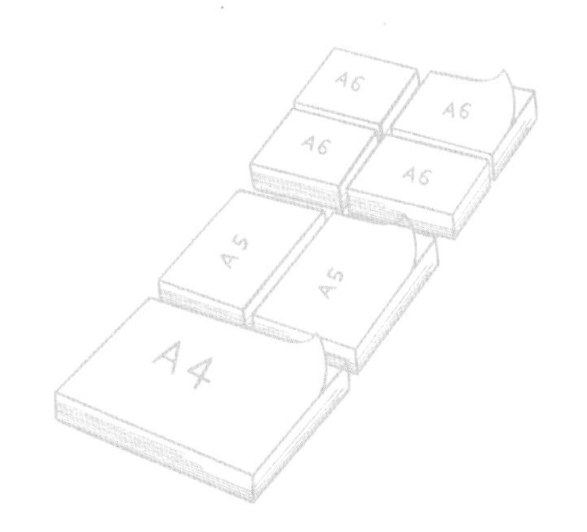

有了 $\sqrt{2}$: 1 这个长宽比，

我们就可以放缩得整整齐齐了！

- 现在根号的写法“√”，由法国数学家笛卡儿第一次改进使用。

- 实数与数轴上的点是一一对应的，即每一个实数都可在数轴上找到唯一的对应点，数轴上的每一个点都有唯一的实数与之对应。

- 数轴上无理数的点远远多于有理数的点。

- 数轴指具有原点、正方向、单位长度的直线。现在所说的笛卡儿坐标系，由两根数轴构成。

- 实数与数轴，是数学中所述“数形结合”的一个典型例子。

- 毕达哥拉斯学派规定：学员不能将毕达哥拉斯传授的知识透露给外人，研究成果不得以个人名义发表，要以毕达哥拉斯之名发表。

- 毕达哥拉斯学派定义了很多概念：奇数、偶数、质数、完全数、盈数、亏数、亲和数、三角形数、正方形数、长方形数……

- 毕达哥拉斯曾到古埃及游学，在古埃及被波斯人俘虏，并被掳到古巴比伦。因为这一段经历，毕达哥拉斯学习到了非常先进的数学知识。

俗话说：一个萝卜一个坑。
数轴说：一个实数一个点。

毕达哥拉斯：我的是我的，
你们的也是我的！

读万卷书，行万里路……
毕达哥拉斯：是在说我吗？

- 战争之后，败者通常会沦为胜者的奴隶，所以古希腊时期，奴隶很有学识是正常现象。数学家毕达哥拉斯、哲学家柏拉图、寓言作家伊索、犬儒主义者第欧根尼都曾为奴隶。

- “哲学”“数学”两词都由毕达哥拉斯所创，前者的本义为“爱智慧”，后者的本义为“可学到的知识”。

- 毕达哥拉斯被视为算术、几何、音乐、天文这四艺的鼻祖。

- 希帕索斯因发现无理数而被毕达哥拉斯学派的成员沉入海中。除无理数外，希帕索斯还研究过与正十二面体相关的命题。

- 代数学之父花拉子米是首位将无理数与有理数区分开来的人，他称：无理数是“听不见的”，有理数是“听得见的”。

亚历山大大帝：你想要点儿啥？

第欧根尼：要你别挡太阳，离我远点儿……

毕达哥拉斯：我研究的内容太多啦！

毕达哥拉斯定理；

万物皆数的哲学观点；

天文学；

音乐……

$\sqrt{2}$：我是无理数吗？

无理数：来吧 $\sqrt{2}$，不要犹豫……

——————思考思考——————

一个小问题：为什么 $\sqrt{2}$ 为无理数？

【证明方法 1】欧几里得的证明方法。

假设 $\sqrt{2}$ 为有理数，则可表示为 $\sqrt{2}=\frac{m}{n}$。其中 m、n 为互质的整数，即$\frac{m}{n}$为最简分数。

对 $\sqrt{2}=\frac{m}{n}$两边进行平方。

得 $2=\frac{m^2}{n^2}$，即 $m^2=2n^2$。

可知 m 为偶数，设 $m=2k$。

则 $4k^2=2n^2$，$2k^2=n^2$。

可知 n 也为偶数。

m、n 都为偶数，则$\frac{m}{n}$非最简分数，与假设矛盾。

因此，假设不成立，$\sqrt{2}$ 为无理数。

【证明方法 2】

假设 $\sqrt{2}$ 为有理数，则可表示为 $\sqrt{2}=\frac{m}{n}$。其中 m、n 为互质的整数，即$\frac{m}{n}$为最简分数。

对 $\sqrt{2}=\frac{m}{n}$ 两边进行平方。

得 $2=\frac{m^2}{n^2}$，即 $m^2=2n^2$。

m^2 为完全平方数，则其末尾只可取 0、1、4、5、6、9。

n^2 为完全平方数，则其末尾只可取 0、1、4、5、6、9。$2n^2$ 的末尾只可取 0、2、8。

由 $m^2=2n^2$ 可知，m^2 与 $2n^2$ 的末尾只可为 0，因此 m 与 n 中都含质因数 5。

所以$\frac{m}{n}$非最简分数，与假设矛盾。

因此，假设不成立，$\sqrt{2}$ 为无理数。

9. 周　期

神话故事中常有一些能工巧匠——

中国神话有太上老君。代表作：孙悟空的如意金箍棒、猪八戒的九齿钉钯、铁扇公主的芭蕉扇、金毛犼的紫金铃、青牛精的金刚琢……

希腊神话有赫菲斯托斯。代表作：宙斯的铠甲、赫利奥斯的太阳车、厄洛斯的弓箭、绑缚普罗米修斯的铁链、阿喀琉斯的盔甲……

北欧神话有黑侏儒。代表作：奥丁的长矛、雷神托尔的战锤、战神提尔的魔剑、捆绑小狼芬里尔的铁链、丰饶之神弗雷的神船……

除了神船，黑侏儒还送给弗雷魔法石磨，在推磨时唱歌，唱什么便可磨出什么。

最开始两个巨人女妖被弗雷绑在石磨上一圈圈地推磨，她们边推磨边唱：磨呀磨，磨出五谷丰登，磨出蜜酒成坛，磨出美味佳肴……

弗雷不满足，女妖们继续唱：磨呀磨，磨出儿女成行，磨出安居乐业，磨出永世太平……

弗雷仍然不满足，女妖们怒唱：磨呀磨，磨出穷奢极欲，磨出战争饥饿……

弗雷大怒，举拳抡向女妖，却错把石磨抡进大海。后来海盗们捞起石磨，用它磨昂贵、畅销的东西——盐。但因为贪婪，海盗船上的盐严重超载，致使船沉海底，从此海水变咸！

海盗：海水很咸是我们的功劳！
石磨：不！是我的功劳……

————漫话小知识————

- 故事中的女妖们一圈一圈地推石磨，与数学中的一个概念相关：周期。
- 周期现象，指依次重复出现的现象。每年春夏秋冬轮转、工作日朝九晚五上班、一二三四重复报数，都属于常见的周期现象。
- 7天为一周，即包含一种周期概念。英语中，一周7天的命名与天体的关系密切。

①星期日(Sunday)——太阳日，罗马皇帝君士坦丁大帝将这一天定为合法假日。这一天禁止工作、统一休息，后被推广采用。

②星期一(Monday)——月亮日，太阳与月亮有密切的关系。在希腊神话后期的传说中，作为兄妹的阿波罗与阿尔忒弥斯分别被称为太阳之神和月亮之神。

③星期二(Tuesday)——火星日，北欧战神提尔之日。提尔只有一只手臂，他是奥丁和弗丽嘉之子，雷神的兄弟。

一圈又一圈，什么时候才是尽头？
周期问题，可能没有尽头啊……

春夏秋冬，花开花落，
它们是看得见的周期问题……

把太阳日定作一周的第一天，
听起来也有道理……

提尔：为什么把我的手臂咬掉？
巨狼：谁让你们用铁链锁我的……

④星期三（Wednesday)——水星日，北欧大神奥丁之日。奥丁是雷神托尔的父亲，以身份地位而言，奥丁类似于希腊神话中的宙斯。

⑤星期四(Thursday)——木星日，北欧雷神托尔之日，正是《复仇者联盟》中的雷神托尔。

⑥星期五（Friday)——金星日，北欧神话中的天后弗丽嘉之日。弗丽嘉是奥丁的妻子，主管婚姻、家庭等，身份如希腊神话中的赫拉。

⑦星期六（Saturday)——土星日，罗马农神萨图恩之日。古罗马神话中萨图恩是朱庇特的父亲，类似于希腊神话中宙斯的父亲克洛诺斯。

- 石英表的工作原理：对石英晶体施加电压，石英晶体会产生周期非常稳定的机械振动。
- 数学中的傅里叶变换是一种将一个函数转换为一系列周期函数的处理方法。
- 余数问题是数论的重要内容。余数问题的特点之一即“余数具有周期性”。例如数列1,3,5,7,…除以4的余数依次为1,3,1,3,…，余数依次重复出现，具有周期性。

俗话说：你做初一我做十五。
神话说：你做星期三我做星期四……

弗丽嘉：科学家说周五是最利于学习的日子之一……

萨图恩：研究时间的重要目的是应对农事，时间的概念里怎能没我农神呢……

=：我是等号，表示相等。
≡：我是同余符号，表示除以相同的除数时余数相等……

- 等差数列是一个具有周期特点的同余数列：每一项除以公差的余数全相同。

- 末 n 位相同的整数构成公差为 10^n 的等差数列，它们除以 10^n 及其因数的余数相同，故：

  ①被除数除以 2（或 5）的余数，等于被除数的末一位除以 2（或 5）的余数；

  ②被除数除以 4（或 25）的余数，等于被除数的末两位除以 4（或 25）的余数；

  ③被除数除以 8（或 125）的余数，等于被除数的末三位除以 8（或 125）的余数。

等差数列：除以公差，我们就能变成周期数列啦……

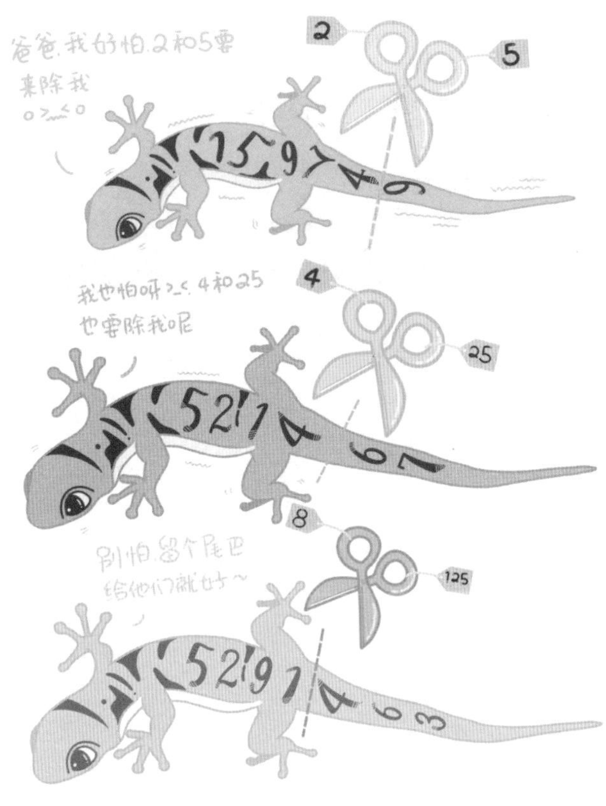

末一位能被 2(或 5) 整除,被除数就能被 2(或 5) 整除……

末两位能被 4(或 25) 整除,被除数就能被 4(或 25) 整除……

末三位能被 8(或 125) 整除,被除数就能被 8(或 125) 整除……

————思考思考————

自然数 1~2021 中,所有奇数相乘:

$1\times3\times5\times7\times\cdots\times2017\times2019\times2021$。

问题 1:所得积的末一位是什么?

问题 2:所得积的末两位是什么?

【问题1】

【解答】因数中有5的倍数，可知：积一定为5的倍数。因此其末一位有两种可能：0、5。

因数全为奇数，根据奇偶性可知：积一定为奇数。因此其末一位有5种可能：1、3、5、7、9。

综上：所得积的末一位是5。

【问题2】

【解答】因数中至少有两个自然数为5的倍数，可知：积为25的倍数。因此其末两位有4种可能：00、25、50、75。

由问题1的解答可知末一位是5，因此其末两位有两种可能：25、75。

因为积的余数等于余数的积的余数，所以原式的积除以4的余数等于$1\times3\times1\times3\times\cdots\times1\times3\times1$除以4的余数。利用周期性易得：上式的积除以4的余数为3，即原式的积除以4的余数为3。

积除以 4 的余数等于积的末两位除以 4 的余数，25 除以 4 余 1，75 除以 4 余 3。

综上：所得积的末两位是 75。

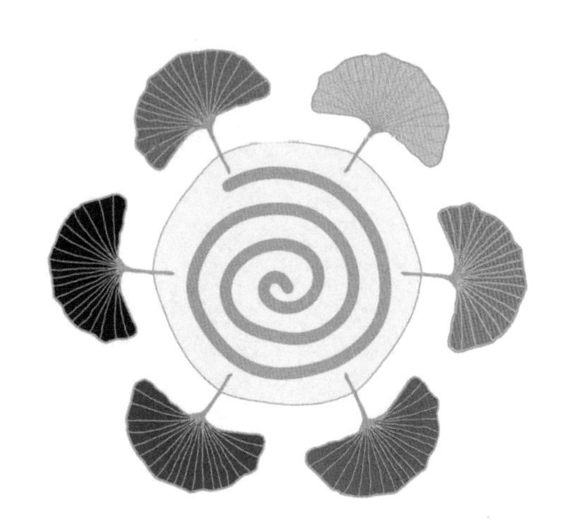

10. 杠 杆

今天开篇故事的主角是几位大力士——

1号选手：商纣王。

商纣王，商朝最后一位君主。《史记》记载他材力过人，可手格猛兽、倒曳九牛、抚梁易柱——御花园中飞云阁突然倒塌，纣王手托房梁，以待他人取新柱更换。

2号选手：李元霸。

李元霸，唐高祖李渊之子。《说唐演义全传》记载他为金翅大鹏转世，两臂有四象不过之力（一象之力为12500斤[①]），可捻铁如泥。武器为两柄铁锤，每柄铁锤重400斤。

① 1斤=500克。

3 号选手：赫拉克勒斯。

赫拉克勒斯，希腊神话人物。《希腊古典神话》记载他在摇篮中徒手捏死过赫拉派来的两条毒蛇。成年后徒手拔树、屠狮尚属寻常事，更厉害的是他曾替阿特拉斯扛过一会儿天。

4 号选手：阿基米德。

阿基米德，古希腊数学家。数学史记载，他以一己之力移动了一艘三桅帆船——与前面 3 位肌肉发达的大力士不同的是，阿基米德的“大力”需要凭借杠杆和滑轮。

阿基米德：虽然都是大力士，但我们不一样！你们拼的是体力，我拼的是脑力……

————漫话小知识————

- 阿基米德说：给我一个支点，我能撬起整个地球。这与数学中的一个概念相关：杠杆。
- 杠杆平衡遵循的规律是：动力 × 动力臂 = 阻力 × 阻力臂。
- 杠杆应用于物理学中，通常指这样一种工具：由一个支点和可绕支点旋转的硬棒构成。
- 杠杆中的硬棒是一种数学模型化的概念：它不具有重量，在外力的作用下不发生变形。
- 生活中使用杠杆工具，常为了利用它的以下两个优点。

  ①省力（省力等价于费距离）：当动力臂大于阻力臂时，可实现省力，例如杆秤。

  ②省距离（省距离等价于费力）：当动力臂小于阻力臂时，可实现省距离，例如筷子。

- 不存在既省力又省距离的杠杆。

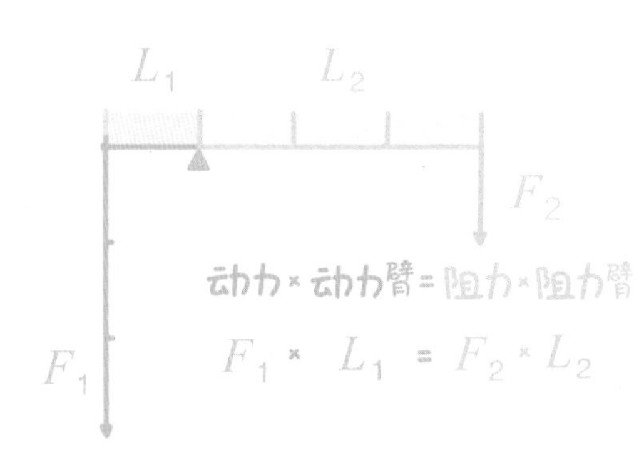

杠杆平衡原来有这样的规律啊！
怪不得在跷跷板上总跷不过比
我重的人……

天平是学校实验室常见的一种教具，
它也是一种杠杆。

为什么“秤砣虽小，可压千斤”？
因为杆秤是一种省力杠杆……

使用筷子并不会省力啊！
是不能省力，但可以省距离啊……

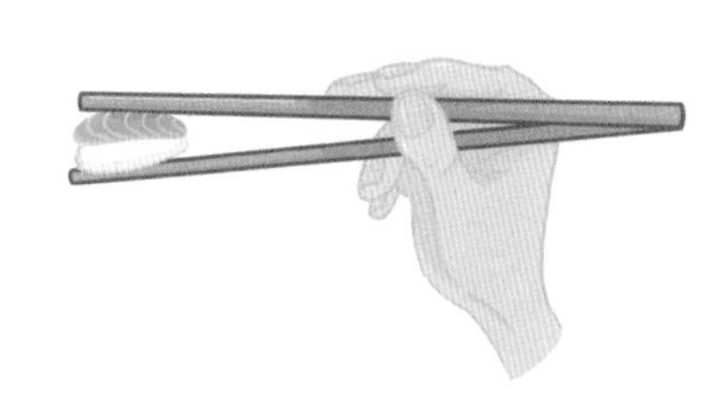

- 杠杆应用于数学中，是一种分析问题的方法，可用这个方法解决很多数学问题——

  ①浓度问题：两种不同浓度的溶液混合时，混合液的浓度被看作支点，两种溶液的浓度与混合液浓度的差分别被看作动力臂、阻力臂，两种溶液的质量分别被看作动力、阻力。

  ②几何问题：在古代文献《方法论》中，阿基米德将图形分成一些线条，利用杠杆操作的规则，将线条重新组合成新的图形，即通过杠杆实现了未知面积与已知面积的平衡。

- 《方法论》源自阿基米德写给埃拉托色尼的一封长信，曾一度丢失。1906年，在君士坦丁堡，人们重新发现了记载《方法论》的羊皮纸——它原来的文字被人清洗，代之以祷告文，多亏洗得不彻底，人们利用现代技术重现了羊皮纸上的原有内容。

- “杠杆”这个词也经常出现于经济学中，如杠杆投资——投入小额资金，撬起大额投资资金。

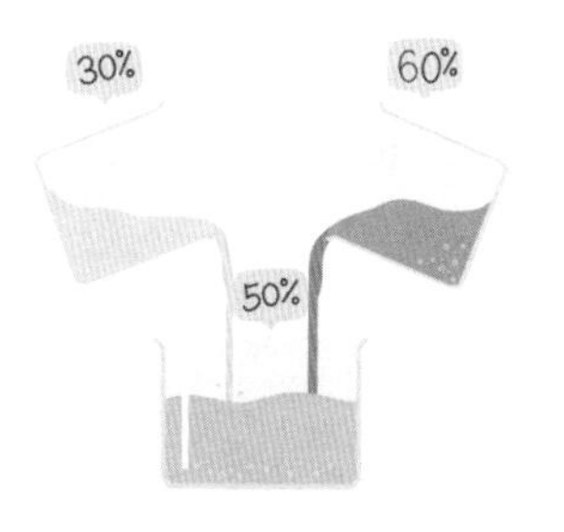

杠杆可以是一种肉眼可见的实物，
杠杆也可以是一种方法、一种思维……

使用杠杆的思维方法——
可以解决数学中的浓度问题，
也可以解决数学中的几何问题……

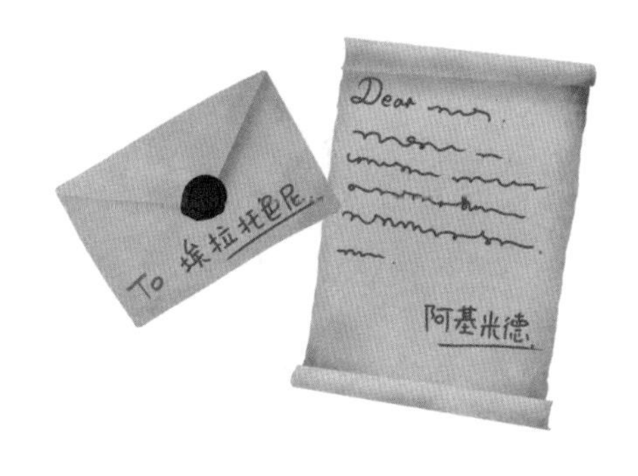

数学中有杠杆，物理学中有杠杆，
经济学中也有杠杆……

- 正如使用杠杆时无法做到既省力又省距离，进行杠杆投资时也无法做到既获得大额投资资金又维持低风险——撬动的金额越大，风险越大。
- 杠杆展示了一种重要的关系：平衡。
- 数学方程式是展示平衡关系的重要典型。很多方程式都可被看作一种杠杆：等号左边的量的积＝等号右边的量的积。
- 自然科学中，揭示深刻规律的方式常是总结一个数学方程式。从这个角度阐述了自然规律的一项重要内容——“平衡”。

收益与风险是杠杆两端的平衡物，
“高收益”伴随着“高风险”……

杠杆的基本原则就是平衡，
人的身体中时刻存在着“杠杆”……

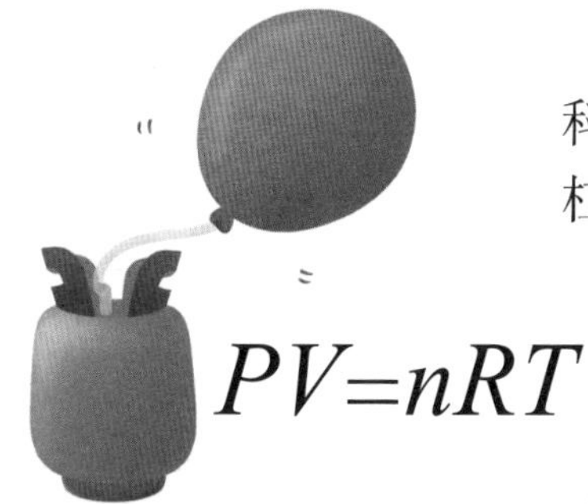

科学中的很多方程式都在讲述同一个道理：
杠杆结构中量与量的平衡关系……

哲人说：每门学科只有当它含有
数学时才称其为科学。

——————思考思考——————

有浓度为 30% 的硫酸溶液 450 克，要配制成浓度为 45% 的硫酸溶液，需要加入浓度为 75% 的硫酸溶液多少克？

【分析】使用杠杆法，根据杠杆规律：动力 × 动力臂 = 阻力 × 阻力臂。

支点浓度：45%。

动力臂：45%-30%=15%。

动力：450 克。

阻力臂：75%-45%=30%。

阻力：浓度为 75% 的硫酸溶液 x 克。

【解答】

根据：动力 × 动力臂 = 阻力 × 阻力臂。

可知：$450\times15\%=30\%x$。

解得：$x=225$。

因此需要加入浓度为 75% 的硫酸溶液 225 克。

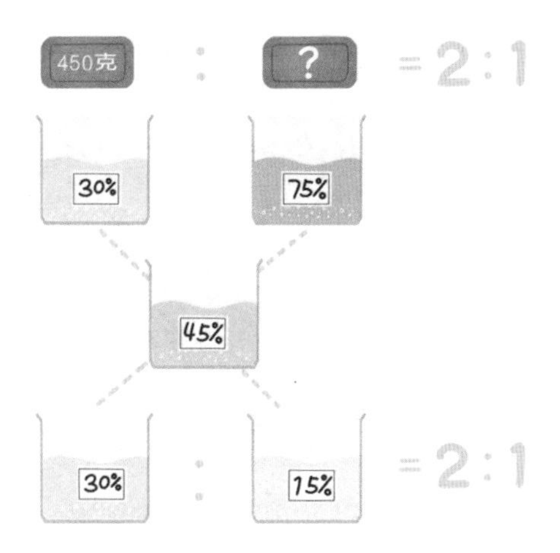

11. 单 位

《史记》记载过汉朝将军李广的故事——

汉朝将军李广，有“飞将军”之称，是秦朝名将李信的后代。

李广将军曾率百骑追捕射雕者，路遇数千匈奴骑兵。手下士兵慌张，想掉头回营，被李广将军制止。因为如此逃跑必将被匈奴追杀，全军覆没。李广将军下马解鞍，纵马而卧，以此迷惑敌人，让敌人怀疑他们是诱饵，身后有大部队埋伏。匈奴果然中计不敢行动。后来李广将军借夜色掩护，成功率部下全身而退。

这是李广将军的传奇故事之一。还有一个传奇小故事，也展示了李广将军的个人魅力。

有一天，李广将军去林中射猎，隐约觉得草丛之中卧有猛虎，于是搭弓射箭，一箭而中。但查看后发现，中箭的不是老虎，而是大石。仔细观察发现：那只箭的箭镞已全然没入石中——这就是成语没石饮羽的来历。

唐朝诗人卢纶依据李广将军开弓射石的故事作了一首《和张仆射塞下曲·其二》："林暗草惊风，将军夜引弓。平明寻白羽，没在石棱中。"

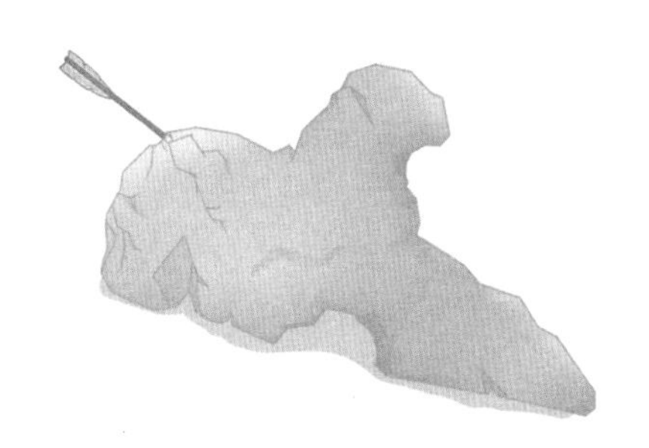

石头：你的强弓是几石的？太伤"石"了！
李广：对不起！请理解，这是一次误伤……

——————漫话小知识——————

- 李广将军开弓射石的故事，与数学中的一个概念相关：单位。

- 箭可入石，除李广将军膂力过人外，弓也要够硬才行。中国古代以“石”为单位来计量弓的强度，一石为120斤。

- 定量地描述对象时，只有“数”有时不够，还必须要有“单位”。如描述时间，“过7”无法传递有效信息，“过7天”则容易被理解。

- 数学史上，用身体部位定义单位的例子很多。

  ①英格兰国王亨利一世以他伸直手臂后鼻尖到手指指端的长度定义了1码。

  ②英格兰国王约翰一世以他脚的长度定义了1英尺。

  ③罗马士兵往前行走1000步(此处1步指左右腿各跨1步)的距离被定义为1罗马英里。

  ④古埃及人定义中指指端到手肘的距离为1腕尺；手掌的宽度为1掌尺；1根手指的宽度为1指尺。

  ⑤中国定义张开手臂后两中指指端之间的距离为1度。

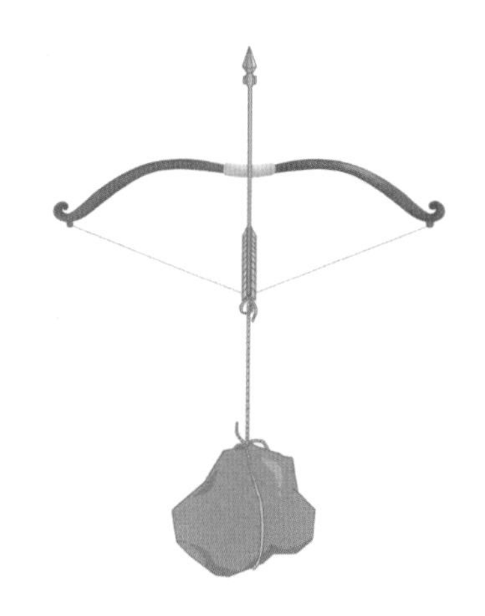

弓的强度是什么？
——把弓拉满所需要用的力量……

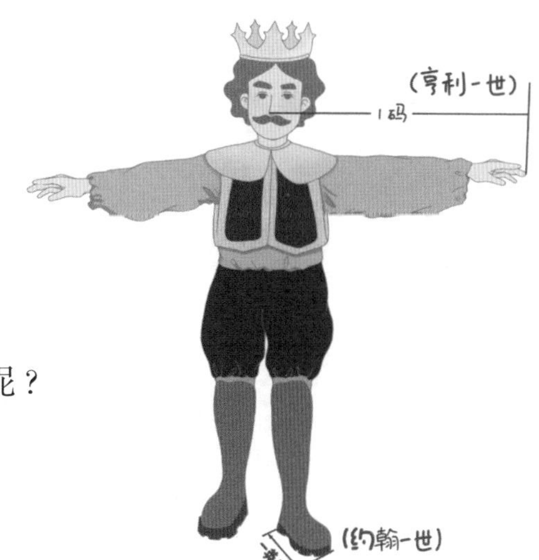

用什么来定义单位长度比较方便呢？
——用现成的手、脚、臂呀……

士兵们的步伐很稳定！
——就用这来定义一种长度吧！

- 历史上，粮食与单位的关系也十分密切。

  ①在英格兰，3 粒首尾相接的大麦粒的长度被定义为 1 英寸。

  ②在古希腊，一颗角豆种子的质量被定义为 1 克拉。

  ③在中国古代，石、斗、升都是用于计量粮食容积的单位。换算关系是 1 石 =10 斗 =100 升。

- 当今世界单位制的两大源头：一是沿袭古罗马的英制单位；二是法国大革命时期法国科学院制定的基于十进制的公制单位。

- 国际单位制发展自公制，它包含 7 个基本单位：①千克；②米；③秒；④开尔文；⑤摩尔；⑥安培；⑦坎德拉。

- 旧时国际单位中，1 米的长度最初定义为通过巴黎的子午线上，从地球赤道到北极点的距离的千万分之一。

- 从 20 世纪 60 年代开始，计量学家以光来定义米的长度：1 米被定义为在 1/299792458 秒的时间间隔内，光在真空中走过的路程。

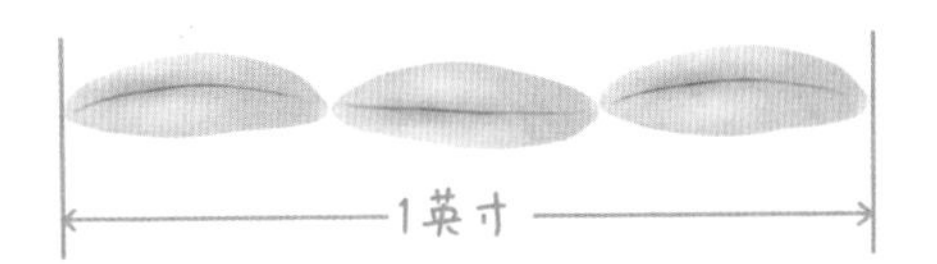

大麦粒们长得很像！
——用它们来定义一种长度吧……

角豆：钻石同学，我们一样重呀！
钻石：这就是你想与我互换的理由吗！

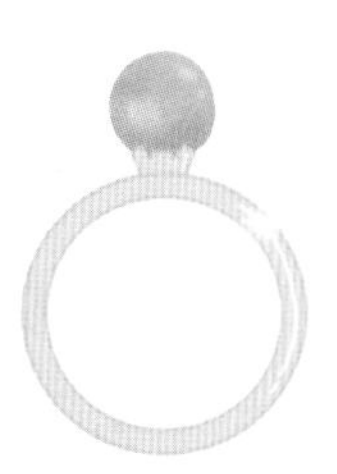

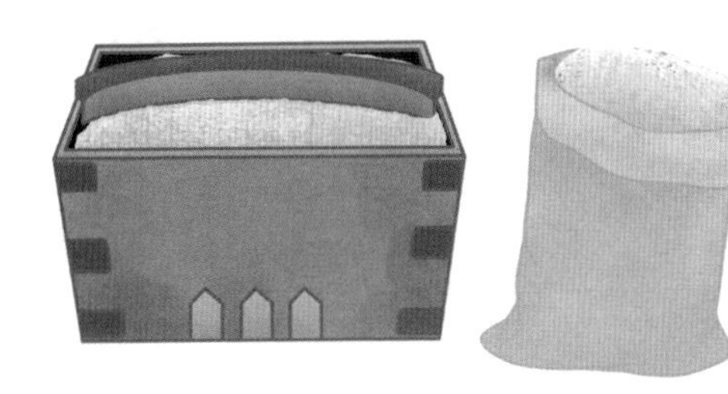

衣食住行是生活的最基本内容，为了计量粮食，值得发明一套单位……

经线：我是通过巴黎的一条子午线，我曾被用来定义 1 米的长度……

- 现在人们用原子钟来定义时间单位秒。铯原子钟已精确到每天的误差仅为千亿分之几。

- 在历史故事中，“矮”似乎成为拿破仑的特征标签，但这值得怀疑。

  ①拿破仑时代，法国新单位的1尺比英制单位的1英尺长，这让拿破仑听起来矮了些。

  ②拿破仑被威灵顿打败后，英国机构有意宣传拿破仑矮，以此相讽。

  ③拿破仑实际上比威灵顿公爵要高。

拿破仑：法国使用了新的度量衡，多么重要的变革呀！但你们关注的为什么只是我的身高……

拿破仑：有本事战场上比试，攻击我的身高，败坏我的名声也太过分了……

拿破仑：说我矮的怎么还有你？威灵顿！你可是比我还矮呀……

——————思考思考——————

用一批纸装订一种练习本。第一天装订了240本，还剩全部纸张的$\frac{2}{5}$。第二天又装订了130本，还剩2700张纸。请问：这批纸原来一共有多少张？

【分析】题中计量纸的单位有“张”和“本”两种，寻找两种单位之间的关系，可作为解此题的一个思路。

【解答】

这批纸共可装订：$240\div\left(1-\frac{2}{5}\right)=400$（本）。

这批纸已经装订：$240+130=370$（本）。

这批纸还可装订：$400-370=30$（本）。

所以一本的张数：$2700\div30=90$（张）。

所以这批纸共有：$90\times400=36000$（张）。

答：这批纸原来一共有36000张。

国际单位
kg
千克
s
秒
A
安培
m
米
mol
摩尔
K
开尔文

12. 行 程

时间与空间是构成现实世界的两大要素。随着时间的流逝，物体在空间中的位置会发生变化，这个过程被称作运动。

古希腊的亚里士多德关心运动，他曾做过这样的判断：重的物体比轻的物体下落得快。

人们一直接受这一观点，因为它比较符合人们的想象，也比较符合直观经验——石头当然要比羽毛下落得快。

约 2000 年后，伽利略出现，他从理论和实践两个方面反驳了这一观点。

首先，在理论方面。若将两块石头用绳子连接后抛下，则它们下落的速度会在大石头下落的速度与小石头下落的速度之间——大石头因小石头的上拽而降速，小石头因大石头的下拉而加速。

然而从整体看，大石头加小石头的总重量超过大石头的重量，按亚里士多德的理论，它们的速度应该是最大的，这与刚才的理论分析矛盾。

其次，在实践方面。传说伽利略借助比萨斜塔，重复做了抛掷重量不同的物体的实验，结果发现：它们的下落速度几乎相等。

最后，伽利略得出了异于亚里士多德的结论——物体的下落速度与物体的重量无关。

比萨斜塔的实验虽然有些粗糙，但实验得出的结论是正确的。

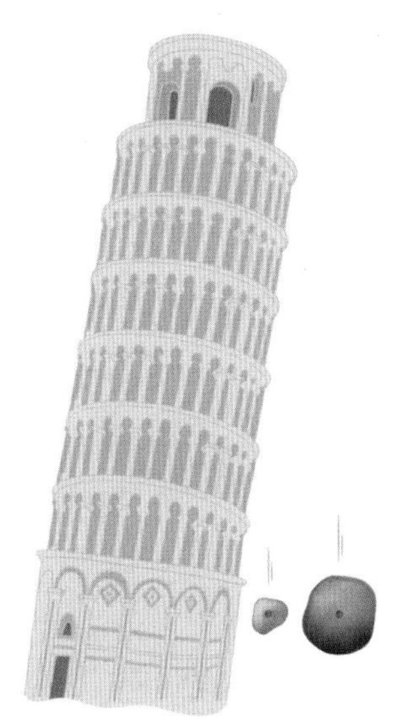

大石头：谁先落地算谁赢！
小石头：没阻力的话，我们会一起落地……

——————漫话小知识——————

- 上述对不同重量的石头下落速度快慢的思考，与数学中的一个概念相关：行程。
- 行程问题是关心运动中路程、时间和速度的一类问题。小学阶段关心的主要是匀速运动。
- 行程问题的基本公式如下。①路程 ÷ 时间 = 速度。②相遇问题：路程和 ÷ 相遇时间 = 速度和。③追及问题：路程差 ÷ 追及时间 = 速度差。
- 速度的单位由路程和时间的单位计算得到——不仅数可以计算，单位也是可以计算的。
- 若路程单位选“米”，时间单位选“天”，则速度单位为米 ÷ 天 = 米 / 天。
- 航海中船速用节作单位，1 节 =1 海里 / 时。
- 节的来历。船员将长绳打上等距离的绳结后，一端系在船尾，另一端扔入海中。船开动后，绳结会漂上海面，船速越快，漂上海面的绳结越多。船速由此被定义。
- 马拉松的长度。从第四届奥运会起，全程马拉松的长度被确定为 42.195 千米。

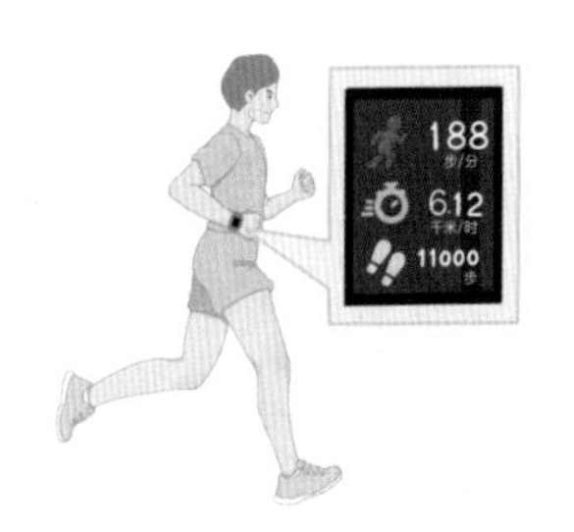

什么是行程问题？
——关心路程、时间、速度的一类问题……

数值可以计算，单位也可以计算！
路程单位 ÷ 时间单位 = 速度单位。

人跑起来的时候，长头发会飞起来！
船跑起来的时候，绳结也会漂起来……

谁跑完了 42.195 千米，
谁就跑完了一次全程马拉松……

- 第四届奥运会在伦敦举行，当时从起点温莎城堡的阳台下到终点奥林匹克运动场内的距离为42.195千米。
- 公元前490年，雅典人在马拉松战役中战胜波斯人，菲迪皮茨被派遣传递喜讯，他不停歇地跑到雅典，在喊过“我们胜利了”后力竭而亡。为此，现代奥运会设立了马拉松比赛——全程42.195千米的赛跑项目。
- 据说在第二次世界大战期间，一位法国飞行员在飞行时抓住过一颗子弹。这是因为当时飞机与子弹的“相对速度”很小。

  据经历过战争的老兵讲述，当时的飞机很多都是“敞篷”的——伸手去飞机外抓点东西是可以想象的。
- 爱因斯坦的相对论指出，没有速度可以超过光速。物体的长度可以变化，时间可以变化，但光速不会变化。
- 根据相对论：当运动物体的速度达到光速的50%时，长度约会缩短为静止时的86%；当达到光速的99%时，长度约会缩短为静止时的14%。

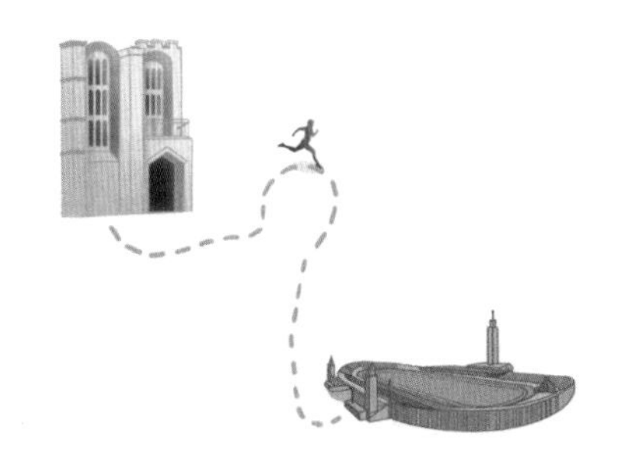

现代奥运会上全程马拉松的长度，就是第四届奥运会时，从温莎城堡的阳台下到奥林匹克运动场内的距离……

菲迪皮茨：我们胜利了！
你们也奔跑庆祝吧！

飞行员：只要速度合适，
我就能抓住子弹……

根据相对论推断出：
一把长剑刺出的速度如果足够快，
它就会缩成一把小匕首……

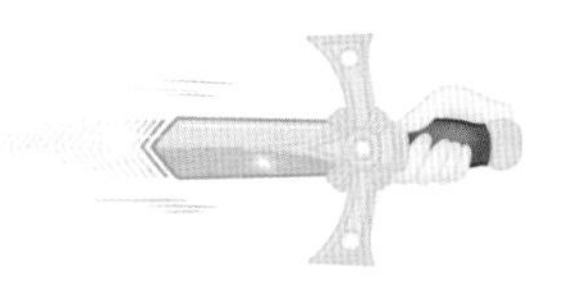

- 光速：光子在真空中的速度为 299792458 米/秒，通常取 3.0×10^8 米/秒。
- 光年指光在真空中行走 1 年的距离。
- 达到第一宇宙速度 7.9 千米/秒时，物体可绕地球飞行；达到第二宇宙速度 11.2 千米/秒时，物体可脱离地球束缚，绕太阳飞行；达到第三宇宙速度 16.7 千米/秒时，物体可脱离太阳束缚，飞出太阳系。

——————思考思考——————

试解释芝诺悖论之“阿喀琉斯追不上乌龟”：当乌龟领先阿喀琉斯时，阿喀琉斯将永远追不上乌龟。原因是当阿喀琉斯跑到乌龟的位置时，乌龟会向前跑一段儿；当阿喀琉斯再次到达乌龟的位置时，乌龟又会向前跑一段儿……如此追及永远发生，阿喀琉斯永远追不上乌龟。

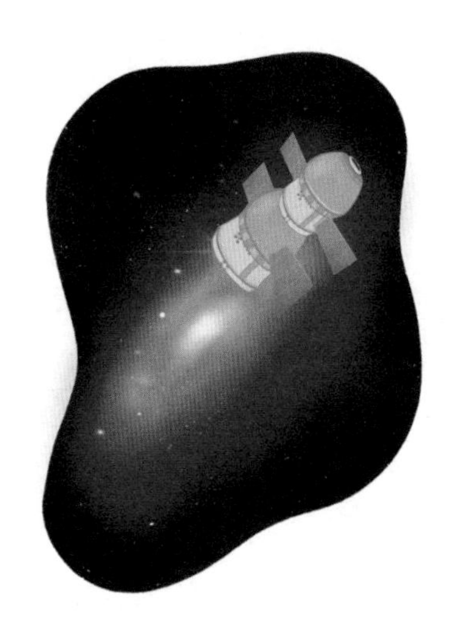

光速、光年这些概念，
常出现在天文学中……

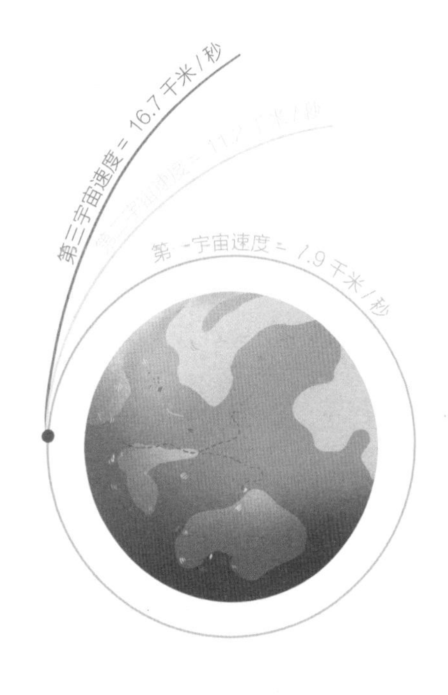

只要飞行速度足够大，
就可飞出地球、飞出太阳系……

看我！
我就是那个芝诺悖论里的阿喀琉斯……

【分析】上述悖论错误使用了“永远”这一时间概念。将多次追及过程的追及时间相加，不一定会得到无穷长的时间——无穷数列相加，其可以存在极限，不一定是无穷大。

【解答】假设阿喀琉斯的速度为2米/秒，乌龟的速度为1米/秒。起跑时，乌龟领先阿喀琉斯2048米。

第一次追用时：$2048 \div 2=1024$（秒）。

第二次追用时：$(1 \times 1024) \div 2=512$（秒）。

第三次追用时：$(1 \times 512) \div 2=256$（秒）。

第四次追用时：$(1 \times 256) \div 2=128$（秒）。

……

第n次追用时：$\frac{2048}{2^n}$秒。

总　用　时: $1024+512+256+\cdots+\frac{2048}{2^n}=2048 \times \left(\frac{1}{2}+\frac{1}{4}+\frac{1}{8}+\cdots+\frac{1}{2^n}\right)=2048 \times \left(1-\frac{1}{2^n}\right)$秒$<2048$秒。

可知即使 n 取无穷大，总用时也是小于 2048 秒的。

通过上例可知：芝诺的描述中虽然发生了多次追及，但所有追及过程的总用时，可以存在一个极限，不一定是无穷大。

13. 方　程

在丹炉中炼药石的炼丹师是中国最早的化学家，中国四大发明之一的火药就源于他们之手。

炼丹，通常指在丹炉中烧炼矿物，以求制造仙丹，实现长寿甚至成仙的目的。然而长生不老的仙丹没有炼出，副产品倒是很多。

①重金属化合物。主要是砷、汞、铅等的化合物，大量服用它们，会中毒而亡。那些服用仙丹追求长生不老的人，恰恰收获了相反的效果——史书记载，唐太宗因服长生药，遂致暴疾不救。

②五石散。最初是为治疗伤寒而炼，后被滥用，对身体造成很大伤害。

③黑火药。炼丹师将硫磺、硝石、木炭混合炼药，常造成炼丹房发生火灾。利用混合物易燃易爆的特性，

人们改进配方中各成分的比例，将其应用于生活、军事等领域，制成了中国的四大发明之一——火药。

中国有炼丹师，西方有炼金术士。炼金术在西方有很长的历史，但其所涵盖的内容远不只是制金。17世纪以前，西方的炼金术更近乎是化学的别称。

炼丹师们没有炼出神丹变成神仙，
却把自己“炼”成了化学家……

——————漫话小知识——————

- 炼丹的过程是一个化学过程，它与数学中的一个概念相关：方程。
- 生成新物质的反应被称为化学反应，化学反应的过程通常用化学方程式描述。
- 方程指含有未知数的等式，如 $x+7=20$。
- 方程蕴含着这样一种思维：未知问题不必第一时间解决，待条件完备后回首解决更为可行。
- 用英文字母表中后面的字母 (如 x、y、z) 表示未知数，前面的字母 (如 a、b、c) 表示已知数。该做法由数学家笛卡儿提出并推广。
- 笛卡儿提出了解决问题的“万能方法”：任何问题化归为数学问题，数学问题化归为代数问题，代数问题化归为方程问题，从而得解。
- 波斯数学家奥马·海亚姆说：代数学的任务就是解方程。
- 在一元一次方程中，“一元”指方程含有 1 个未知数，“一次”指未知数的最高指数为 1。

化学方程式，是对化学反应进行定性和定量描述的方程……

有些物质被这样标注：苦杏仁味、有毒……请推测：该物质的味道是怎样知晓的呢？

方程：必须含有未知数，必须是等式……

笛卡儿：以后都听我的，
用 x、y、z 表示未知数，
用 a、b、c 表示已知数……

- 天元术，13世纪中期中国兴起的算术，是使用红黑两色算筹解方程的方法。现在一元一次方程、二元一次方程中的“元”即来自天元术。
- 丢番图方程，是不定方程的别称，指一类整系数的多项式方程，其未知数的个数多于方程的个数，方程的解为整数解。
- 《九章算术》介绍了多元一次方程组的应用与解法。当时没有专用的数学符号，古人将方程组中的系数与常数表示成矩阵，然后“消元”求解。
- 多元一次方程常用消元法求解，包括代入消元法、加减消元法。所述“消元”指将未知数逐步消除——三元变两元、两元变一元，进而求解。
- 消元法在西方被称作高斯消元法。
- 《九章算术》也用盈不足方法(双试位法)解二元一次方程组。
- 二元一次方程组的求解也可使用公式法：在由 $ax+by=c$ 与 $mx+ny=d$ 构成的方程组中，未知数 $x=\dfrac{bd-cn}{bm-an}$。
- 一元二次方程 $ax^2+bx+c=0$ 的求解，可用求根公式：$x=\dfrac{-b\pm\sqrt{b^2-4ac}}{2a}$。

解一次方程组算什么挑战！
这是我们中国数学的优势……

不定方程：虽然未知数比方程多，
但解全是整数啊……

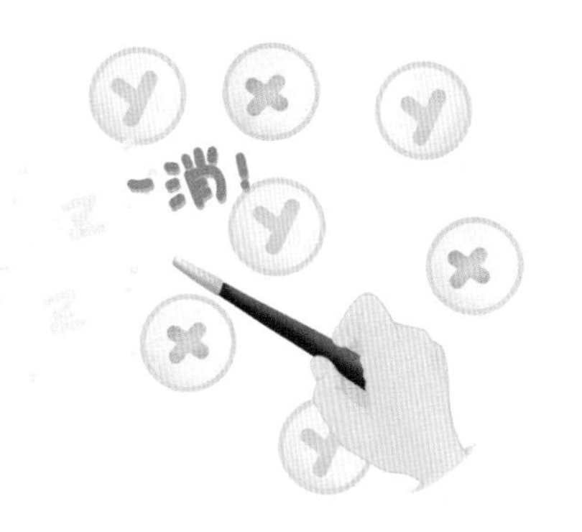

解多元一次方程组的过程，
就是一个不断消元的过程……

$$\begin{cases} 10x+15y=65 \\ 5x+6y=28 \end{cases}$$

甲：以后我想只用公式法！
乙：能确定计算没问题就行！

$$x=\frac{15\times28-65\times6}{15\times5-10\times6}$$

- 3000多年前的古埃及人已会解一次方程和某些二次方程——古埃及人在《莱因德纸草书》中用“堆”表示未知数。古巴比伦人也会。

- 花拉子米认识到二次方程有两个根，可他却舍弃了负根和零根。

- 解方程的故事：塔尔塔利亚将3次方程的解法告诉卡尔达诺，卡尔达诺与助手费拉里在此基础上研究并改进，成功地解出3次方程并将解法应用到了4次方程。由此还引发了一场名誉之争。

- 高于4次的一般代数方程没有根式解，两位年轻的数学家阿贝尔与伽罗瓦给出了证明。

- 描述宇宙运行规律的数学语言是方程，或可说科学之厦是用方程之砖建立的。

花拉子米：虽然我总能得到两个根，但负根和零根我是不要的……

卡尔达诺：3 次方程的解法属于我！
塔尔塔利亚：可是，我也有份的吧……

阿贝尔：你们发现了我的优秀，但来不及了，贫穷与疾病更早地来了……

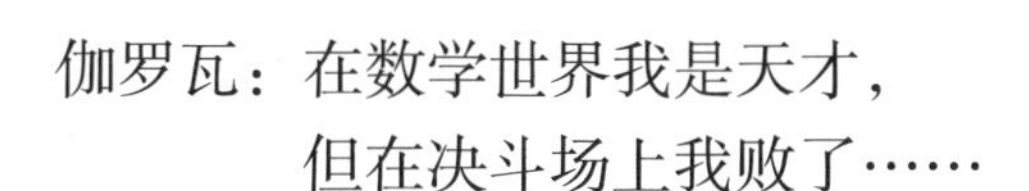

伽罗瓦：在数学世界我是天才，但在决斗场上我败了……

思考思考

解二元一次方程组：$\begin{cases} 4x+y=30 & ① \\ 3x+2y=35 & ② \end{cases}$

【分析】上述二元一次方程组可以使用代入消元法、加减消元法、公式法求解。

【解答】

【解法1：代入消元法】

由方程①可知：$y=30-4x$ ③。

将③代入②得：$3x+2(30-4x)=35$，

$x=5$。

将 $x=5$ 代入①：$4\times5+y=30$，

$y=10$。

所以方程组的解为 $x=5$，$y=10$。

【解法 2: 加减消元法】

方程① ×2 得：$8x+2y=60$ ④。

④－②得：$(8x+2y)-(3x+2y)=60-35$，

$x=5$。

将 $x=5$ 代入① :$4\times5+y=30$，

$y=10$。

所以方程组的解为 $x=5$，$y=10$。

【解法 3: 公式法】

$$x=\frac{1\times35-30\times2}{1\times3-4\times2},$$

$x=5$。

将 $x=5$ 代入① :$4\times5+y=30$，

$y=10$。

所以方程组的解为 $x=5$，$y=10$。

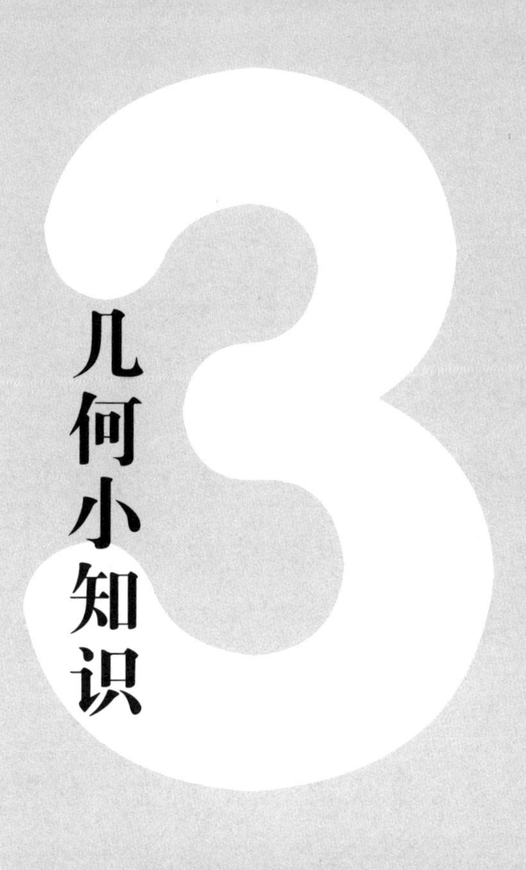

3 几何小知识

14. 立体图形

金字塔由巨石砌成，其来历有下面这样一种说法。

古埃及人认为今世不是最重要的，今世只是去往来世前的短暂的准备阶段，来世更重要，在冥界的来世可以得到永生。

但是，欲在冥界复活得以永生，有一个前提条件：今世寄宿的躯体不能被毁灭。

于是古埃及人用香料、树脂、药物等处理逝者今世的躯体，再用特制的亚麻布将其包裹起来制成木乃伊，然后将木乃伊放置在特制棺木中，以便移往他们最后的栖身之所——坟墓。

古埃及人的坟墓像住所一样，里面会布置家具、乐器，还有厨师、理发师等的雕像，以及各种宝物。

起初，坟墓设于山脉之中，通过凿掘山脉岩石而成。后来，随着古埃及人的迁移，他们不得不在沙漠中营建坟墓。

为避免野兽和盗墓者对坟墓的破坏，古埃及人会在墓顶筑造小石冢。

后来，更富有的人把小石冢设计得更大更高。小石冢也因此有了新的名字——金字塔。

法老们高兴的是，金字塔被设计得雄伟壮观！
老师们高兴的是，金字塔是向学生介绍四棱锥的极好教具……

——————漫话小知识——————

- 故事中石头砌成的金字塔与数学中的一个概念相关：立体图形。
- 金字塔属于立体图形中的四棱锥——底面是四边形，侧面是4个三角形。
- 立体图形，也称三维图形、3D图形，即具有3种维度的图形。多面体、柱体、锥体、球体都属于立体图形。

①零维图形：如一个点。没有任何维度，没有方向之说。

②一维图形：如一条直线。有一个维度，有一个方向，如从左到右或从前到后。

③二维图形：如一个长方形。有2个维度，有2个方向，如从左到右和从上到下。

④三维图形：如一个正方体。有3个维度，有3个方向，如从左到右、从前到后、从上到下。

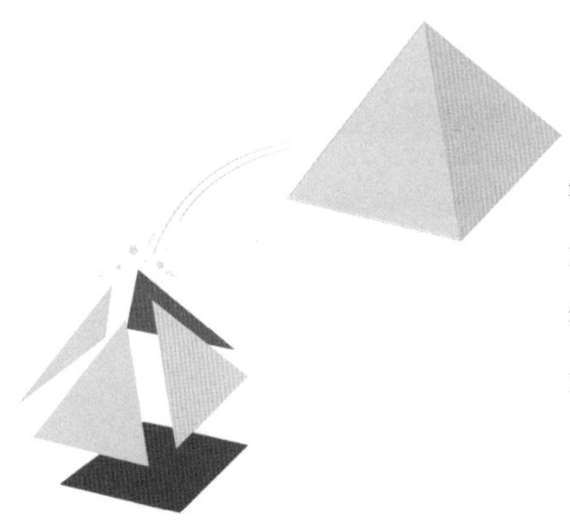

学生：金字塔是用金子做的吗？
老师：金字塔是用石头砌成的！
学生：那石头是用金子做的吗？
老师：现在忘掉“金字塔”这个名字，
叫它“四棱锥”……

杂技老板：想不想抛平面的菜刀？
杂技演员：我更喜欢玩立体图形……

涉及4种维度及它们之间关系的3句话——
①点动生线。
②线动生面。
③面动生体。

- 《九章算术》包括计算立体图形体积的内容。其中的主要内容分别是——

  ①方田：计算土地面积。

  ②粟米：依比例交换粮食。

  ③衰分：比例及等差与等比数列。

  ④少广：开平方与开立方。

  ⑤商功：土木工程中立体图形的体积计算。

  ⑥均输：纳税与运输中有关比例的计算题。

  ⑦盈不足：盈亏问题。

  ⑧方程：线性方程组的解法。

  ⑨勾股：勾股定理。

- 阿基米德称欧多克索斯首先证明了“圆锥体的体积是同底等高圆柱体体积的$\frac{1}{3}$”。
- 相传阿基米德的坟墓上刻着$\frac{2}{3}$，以示“圆柱体内切球体的体积（表面积）等于圆柱体体积（表面积）的$\frac{2}{3}$”这一重大发现。
- 阿基米德研究圆柱体与内切球体体积关系的方法十分巧妙：将球体体积化归为圆柱体中挖掉两个圆锥体后的剩余体积。

《几何原本》是数学界的圣典，
《九章算术》也是非常伟大的著作。

东方数学产生自实践经验，
不注重抽象成理论。

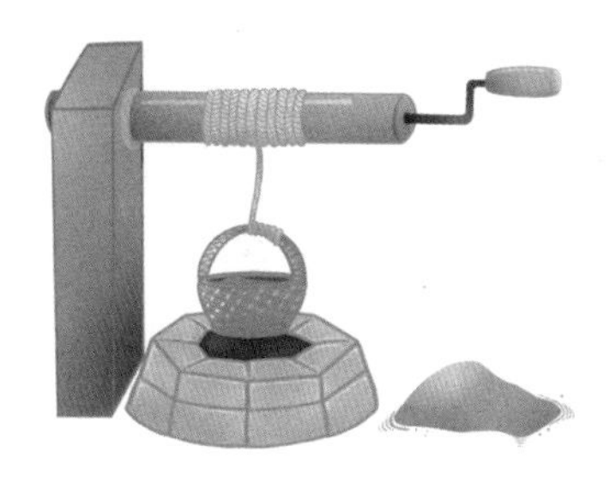

完全不同的图形却存在十分密切的数学关系！这是数学的神奇魅力之一……

莱布尼茨说：了解阿基米德与阿波罗尼奥斯的人，对后代杰出人物的成就就不会那么钦佩了。

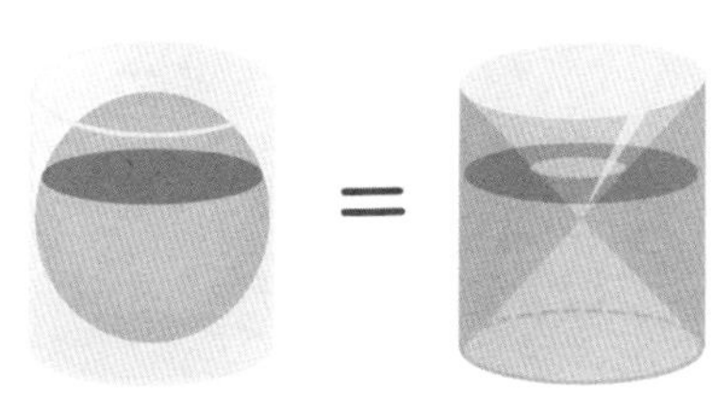

- 卡瓦列里原理(祖暅原理):两个立体处于两个平行平面之间,如果平行于这两个平行平面的任何平面与这两个立体相交且截得的两截面面积相等,则这两个立体的体积相等。

- 卡瓦列里是伽利略的学生。祖暅是祖冲之的儿子。

- 阿基米德运用欧多克索斯的穷竭法做出了很多了不起的数学研究,如:球体的表面积是其大圆面积的4倍;球体的体积为$\frac{4}{3}\pi r^3$。祖冲之与祖暅也研究出了球体的体积公式。

- 正多面体(柏拉图立体)的各面是全等的正多边形,各多面角是全等的正多面角。如果这样的多面体是凸的,就称为凸正多面体。凸正多面体共有5种:正四面体、正六面体、正八面体、正十二面体、正二十面体。

- 最早的正六面体骰子是公元前3000年左右伊拉克出土的陶土骰子。

如果每一层都是对应相等的，
那么整个立体的体积就是相等的……

柏拉图：柏拉图立体不是我首先发现的，
却是以我的名字命名的！

面数太少滚不动，面数太多滚不停，
正六面体的骰子刚刚好……

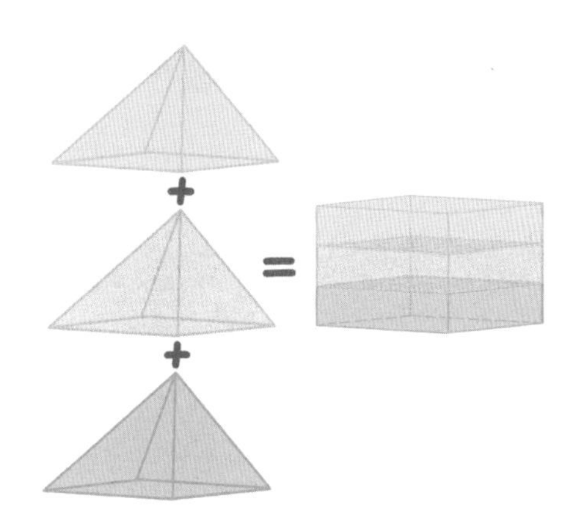

锥体：我们看起来一样高一样胖！
柱体：实际上我是你体积的 3 倍！

————思考思考————

请试着证明：四棱柱与四棱锥在底面积与高都相等时，前者体积是后者体积的 3 倍。

【分析】证明之前，需接受如下前提。

①四棱柱的体积 = 底面积 × 高。

②连续自然数的二次方求和公式：

$$1^2+2^2+3^2+\cdots+n^2=\frac{n(n+1)(2n+1)}{6}。$$

③当 n 越大时，$\frac{1}{n}$ 越接近 0。当 n 无穷大时，$\frac{1}{n}=0$。

进而可知，当 n 无穷大时：$3\times\frac{1}{n}=\frac{3}{n}=0$，$\frac{1}{n}\times\frac{1}{n}=\frac{1}{n^2}=0$。

【证明】假设四棱柱与四棱锥的底面为边长等于 n 的正方形，高都为 h。

①四棱柱的体积 $=n^2h$。

②用一把裁纸刀把四棱锥横切成 n 层。每层的高相等，都为 $\frac{h}{n}$。当 n 无穷大时，每层都可被看作一个四棱柱，四棱柱的底边边长依次是：$1,2,3,\cdots,n$。

四棱锥的体积 $=1^2\frac{h}{n}+2^2\frac{h}{n}+3^2\frac{h}{n}+\cdots+n^2\frac{h}{n}=(1^2+2^2+3^2+\cdots+n^2)\frac{h}{n}=\frac{(n+1)(2n+1)h}{6}$。

四棱柱的体积 / 四棱锥的体积 $=\frac{n^2h}{(n+1)(2n+1)\frac{h}{6}}$

$$=\frac{6n^2}{(n+1)(2n+1)}=\frac{6n^2}{2n^2+3n+1}=\frac{6}{2+\frac{3}{n}+\frac{1}{n^2}}=\frac{6}{2}=3。$$

所以，在底面积与高都相等时，四棱柱的体积为四棱锥体积的 3 倍。

15. 皮克公式

魔法世界的帷幕是这样被《哈利·波特与魔法石》慢慢地揭开的——

哈利·波特的 11 岁生日刚到，大块头鲁伯·海格便撞门出现。

除生日蛋糕，这位混血巨人还带来一份更棒的礼物：霍格沃茨魔法学校的入学通知书。

温暖的生日体验加诱人的魔法表演，让哈利·波特立刻决定离开冰冷的寄居之所，出发入学。

入学路上，哈利·波特见到一处魔法之地：九又四分之三站台。

靠着依葫芦画瓢的本领，哈利·波特顺利地穿过站台，登上了开往魔法世界的列车。

此时，鲁伯·海格去了哪儿？这位送小魔法师上学的“家长”为什么半路消失了？

半路消失的鲁伯·海格在执行一项特殊任务：与邓布利多交接“魔法石”——可把金属变成金子；可制造长生不老药；可使伏地魔重获肉身……

哈利·波特入学后开始认识新朋友，学习新魔法，参加魁地奇比赛。更出彩的是，哈利·波特凭赤子之心得到了魔法石，战胜了伏地魔与他的傀儡。

一系列魔法故事由此相继展开……

九又四分之三站台说明了什么？
说明魔法世界也是离不开数学的……

————漫话小知识————

- 故事中校长邓布利多施予咒语——唯想得到而不想利用它者方可得到——使镜中的魔法石出现在哈利·波特的口袋中。
- 数学中也有一些“咒语”，它们被称作算法，算法原意指“计算的顺序”。代入已知条件，经算法处理，结果即可“跳出”。
- 数学公式是常见的一类算法，如皮克公式。运用皮克公式，可使不规则多边形的面积轻易“跳出”。
- 皮克公式：正方形格点多边形的面积 = 边界点数 ÷2+ 内部点数 -1。
- 辅助记忆皮克公式的小故事：对房间中的人收取房间使用费，收取费用的标准——坐在边上的同学有半价优惠(边界点数 ÷2)；坐在内部的同学需交全价(内部点数)；站在讲台上的一位老师减免费用（减 1）。
- 皮克公式：三角形格点多边形的面积 = 边界点数 + 内部点数 ×2-2。

在霍格沃茨，魔法师学习咒语，
在数学课堂，同学们学习算法……

小猫：我的脸多大呀？
皮克：30 ÷ 2+44−1=58。

皮克公式记忆方法——
①边界一周，半价。
②内部中心，全价。
③一位老师，减免。

蝴蝶：我有多大呀？
皮克：46+37 × 2−2=118。

- 记忆三角形格点多边形皮克公式的小方法：正方形格点多边形皮克公式 ×2。
- 适用皮克公式的格点多边形需满足——

  ①多边形的顶点在格点上。

  ②多边形内部是连通的。可想象成：若在多边形内部倒一杯水，水不跨过多边形的边界，可流到多边形的每一处角落。

  ③多边形内部没有“洞”，即多边形内部没有另一个封闭图形。
- 皮克公式，又称皮克定理，由奥地利数学家皮克于1899年提出。
- 皮克公式展示了数学的一种趣味特征：可通过极其简单的操作(数一数)，研究十分复杂的图形(复杂且不规则的多边形)。
- 皮克公式展示了面积的基本概念：图形面积的大小等于所包含的单位图形的数量。

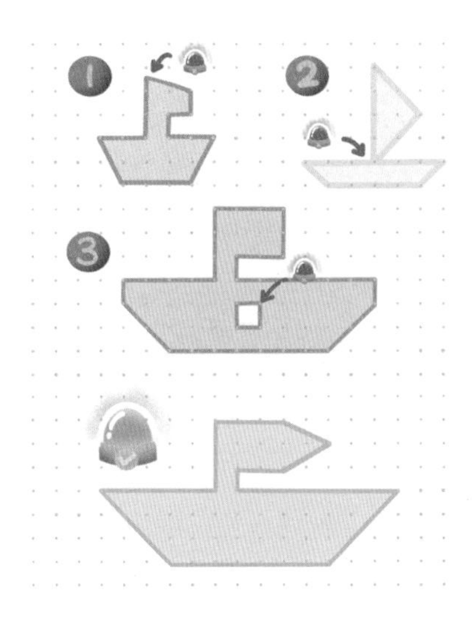

想直接使用皮克公式，要注意——

①顶点不在格点上，不行！

②内部不连通，不行！

③内部有“洞”，不行！

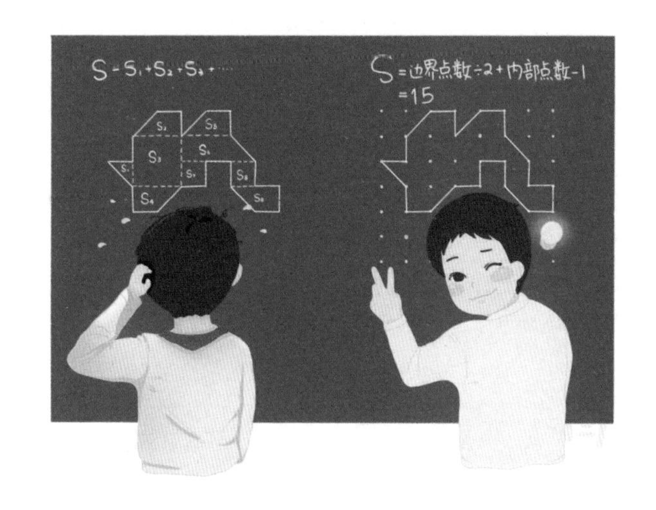

再复杂的格点多边形，也只需数一数便可求出面积……

包含 9 个单位图形，图形的面积就是 9……

- 当正方形格点中的多边形为凸多边形时，皮克公式可如下证明——

  ①内部的点，每个点占据一个单位正方形。

  ②边界非顶点的点，每个点占据半个单位正方形。

  ③边界顶点共占据顶点数 ÷2-1 个单位正方形。

  由此可推出：正方形格点多边形的面积 = 边界点数 ÷2+ 内部点数 -1。

- 凸 n 边形的内角和为 180 度 $\times n-360$ 度。
- 在相应的格点 n 边形中，顶点所占面积为 $n\div 2-1$。

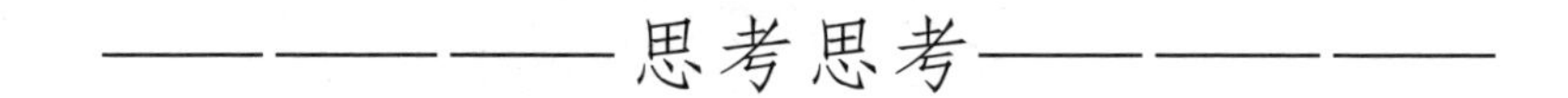

如右页图，正方形点阵中，每个小正方形的面积为 1 平方米，试求图中多边形的面积。

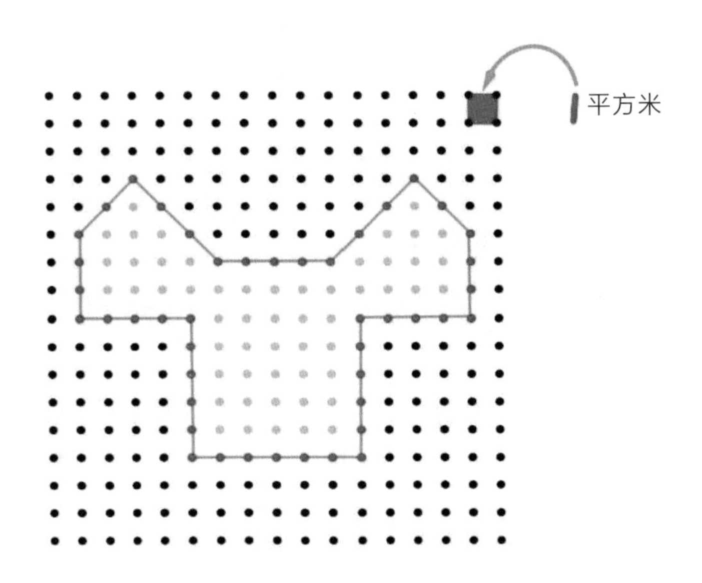

【分析】图中多边形满足：顶点在格点上；内部连通；内部没有“洞”。可直接使用皮克公式。

【解答】边界点数 =44；内部点数 =54；每个小正方形的面积 =1（平方米）。

则多边形的面积 =44 ÷ 2+54−1=75（平方米）。

16. 帕普斯定理

在极致者的世界里，常会存在一些不可思议的细节——

在乒乓球比赛中，运动员可以通过观察球上的图案判断乒乓球旋转的方向。

在射击比赛中，选手会在两次心跳之间扣动扳机。

在寻找石头的平衡时，立石艺术家会控制自己的气息以获得宁静。

立石艺术家通常指那些可徒手把石头叠垒多层的高手。石头在他们手中，可呈现不可思议的组合形状与稳定性，给人带来时空凝滞、超越自然般的梦幻之感。

掌握石头的平衡之术，依靠的不是科幻与神力，而是艺术家们的学习与训练。

艺术家本身的心理素质、身体技能很重要，认识和感知石头的重心也很重要，甚至更重要！

石头：我只想安安稳稳地躺在河滩上……
立石艺术家：不，你不想！

————漫话小知识————

- 叠垒石头需要了解石头的重心，重心与数学中的一组定理相关：帕普斯定理。
- 微积分是分析立体图形表面积与体积的重要方法，在学习微积分之前，可使用帕普斯定理计算旋转体的表面积与体积。

  ①帕普斯第一定理：一条曲线绕外部的轴旋转生成旋转体，旋转体的表面积＝此曲线的长度 × 旋转的曲线的重心走过的距离。

  ②帕普斯第二定理：一个图形绕外部的轴旋转生成旋转体，旋转体的体积＝此图形的面积 × 旋转的图形的重心走过的距离。
- 重心：阿基米德提出了重心的概念，图形的重心指能使图形平衡的点。
- 三角形的重心：三角形 3 条中线的交点。中线指三角形的顶点与顶点对边的中点的连线。
- 帕普斯：古希腊数学家，被称为亚历山大城的最后一位几何学家。

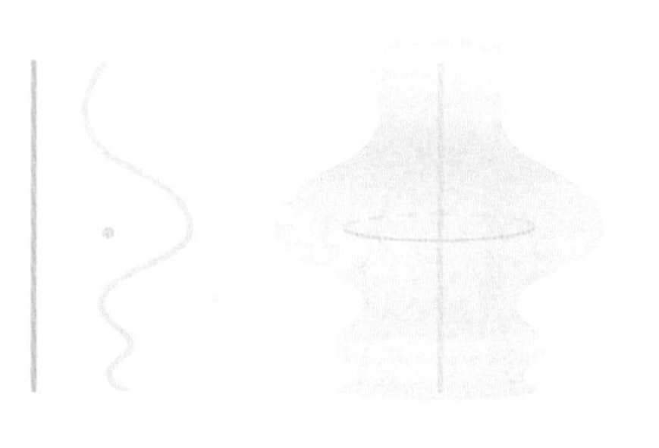

转晕啦！我的表面积多大呀？
——问帕普斯第一定理去！

我也转晕啦，我的体积多大呀？
——问帕普斯第二定理去！

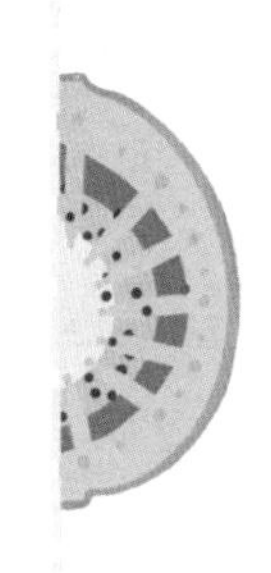

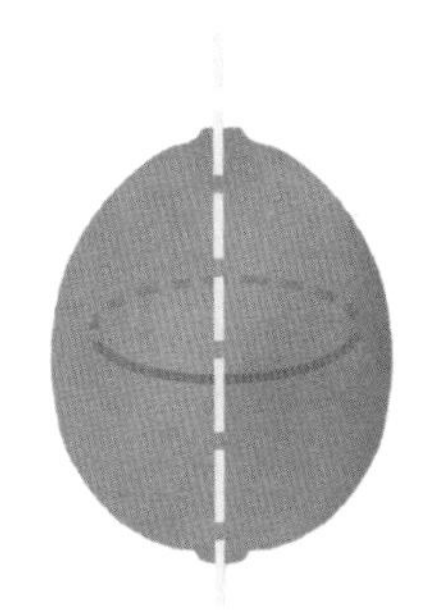

为什么走钢丝要拿平衡杆？
——为了调节重心……

阿基米德：不夸张地说，“重心”问题是我研究工作的一个重心……

- 重心的绘制展示了利用长度与面积定义重量概念的可行性。
- 反过来，利用重量概念也可对长度与面积进行研究——阿基米德在《方法论》中利用重量概念中的杠杆法则成功地研究了图形的面积。
- 阿基米德的《方法论》曾一度失传。写《方法论》的羊皮纸被抹掉文字后重作他用——羊皮纸极其昂贵，常被反复使用，被反复使用的羊皮纸本也因此得名“重写本”。
- 据历史学家估算，一本《圣经》需210~225只羊的羊皮。一本羊皮纸书可值当时的普通工人一年的工资。
- 旋转体：平面图形绕旋转轴旋转得到的立体图形。
- 圆锥的侧面展开图为扇形。帕普斯第一定理从另一个角度解释了扇形的面积公式：$S=\frac{1}{2}LR$。L 指扇形的弧长，R 指扇形的半径。
- 帕普斯六边形定理：共线的3个随机点与另外3个共线的随机点连接相交得到的3个点还是共线的。

“规”“矩”不是用来画方圆的吗？
——有时候也能用来寻找重心……

杠杆法则太厉害啦！原来还可以用力学的方法解决数学问题……

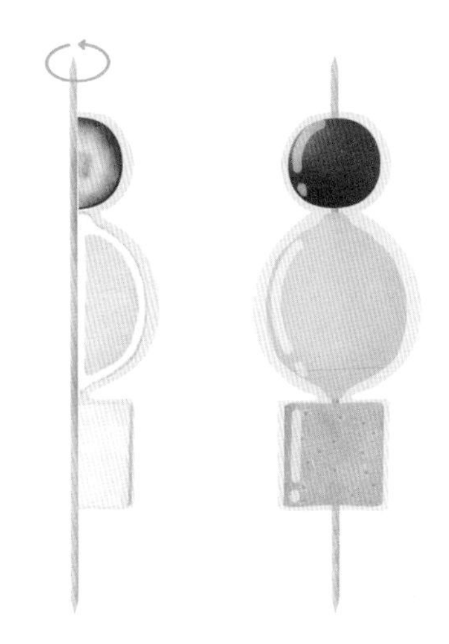

你为什么转圈啊，“糖葫芦”？
——以后请叫我“旋转体”……

帕普斯六边形定理展示了一种研究追求：从混乱中寻找秩序……

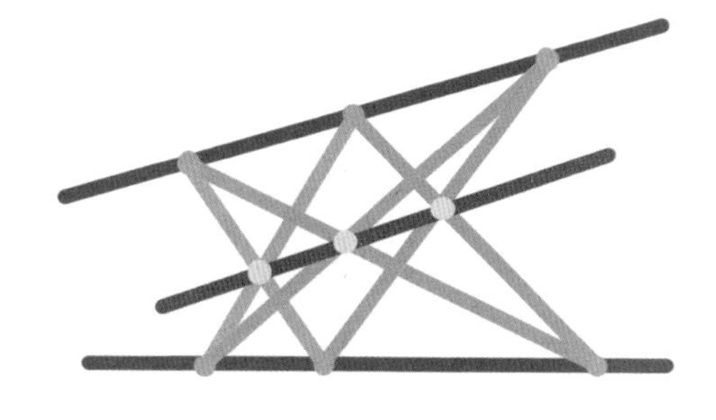

——————思考思考——————

关于旋转体的两个问题。

问题 1：如下图，一条长 4 米的线段，绕旋转轴旋转得到一个圆锥体（无底），若线段与旋转轴的夹角为 30 度，试求无底圆锥体的表面积。

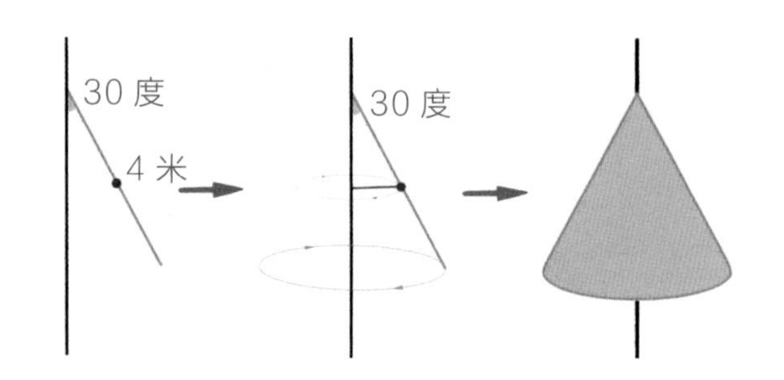

问题 2：如下图，直角三角形绕较长的直角边旋转得到一个圆锥体，若直角三角形较长的直角边长 10 米，较短的直角边长 6 米，试求圆锥体的体积。

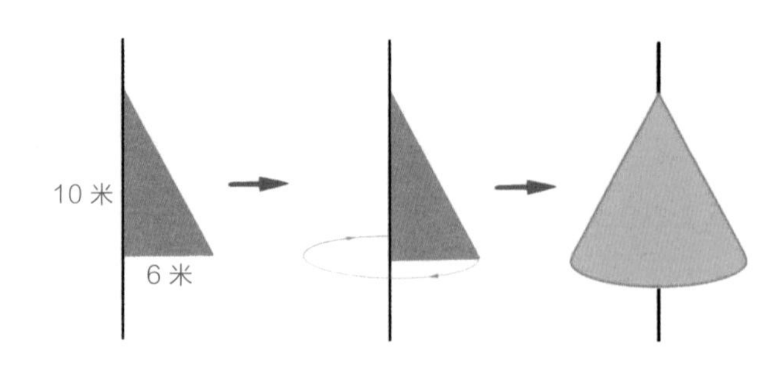

【问题 1】

【分析】使用帕普斯第一定理。线段的重心即线段的中点，重心旋转的距离等于一个圆的周长，该圆的半径易求，为 1 米。

【解答】表面积 $=4\times(2\times\pi\times1)=8\pi$（平方米）。

【问题 2】

【分析】使用帕普斯第二定理。如下图，容易证明：直角三角形 ABC 的重心 O 到直角边 AB 的距离等于直角边 AC 的长度的 $\frac{1}{3}$，即 $AD=\frac{1}{3}AC$。所以，直角三角形的重心旋转走过的距离等于一个圆的周长，该圆的半径为 2 米。

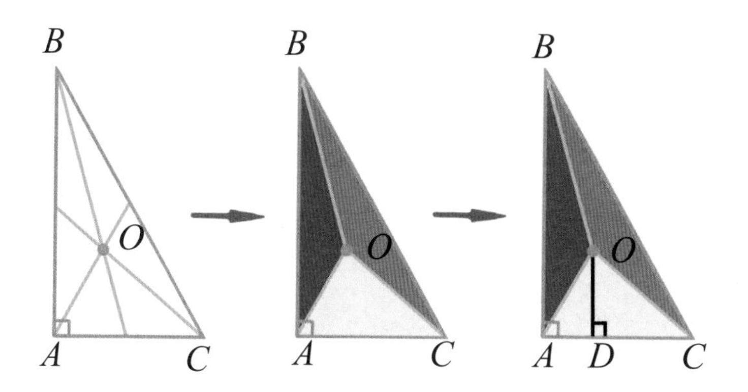

【解答】直角三角形的面积 $=6\times10\div2=30$（平方米）。故体积 $=30\times(2\times\pi\times2)=120\pi$（立方米）。

17. 相 似

制造并使用工具是人类文明进步的重要力量。下面是关于工具的小故事 ——

2005年，福布斯网站对“影响人类文明”的工具做了影响力排序，结果如下：第一名是刀子；第二名是算盘；第三名是指南针。

现在刀子的作用可能主要是拆快递，但对祖先来说，刀子改变了衣食住行——获得兽皮遮身蔽体；削木断枝生火做饭；砍伐树干建造房舍；仗刀壮胆奔走天涯……

石器时代的手斧是刀的祖先，先简单聊聊石器时代的手斧。

考古学家曾对肯尼亚吉隆布遗址出土的上百个大小不一的阿舍利手斧做过数据统计分析，发现手斧外形相似，长与宽具有近乎相同的比例。

这个例子或可说明：人类祖先的头脑中早已有“比例”的概念，甚至确定了合适的比例；人类祖先已可对外形“相似”的工具进行流水线般的生产。

石斧与斧柄具有相似的冷酷一面——
石头变成石斧后，便去凿琢它的同类；
木头变成斧柄后，便去砍斫它的同类……

——————漫话小知识——————

- 故事中的手斧，与数学中的一个概念相关：相似。
- 数学中的相似通常指大小不一定相同，但形状相同的图形。
- 常见的相似几何图形：两个等腰直角三角形、两个圆、两个正方形、两个正六边形、两个正方体。
- 地球仪是利用数学中的相似来描述地球模样的一种实物模型。
- 在头脑中记住一个对象时，并不是把与实物等大的形象存储在大脑中，而是存储一个与实物相似的形象。
- 相似可帮助人们共享信息。例如，当甲对乙提出“圆”这种几何图形时，彼此可迅速达成共识，明白所指图形——共识实现的基础不是甲、乙脑中存在两个完全相同的圆，而是彼此脑中存在两个具有相似特征的圆的形象。

女儿：为什么它们知道我是你女儿？
妈妈：因为我们长得相似啊！

给我一个放大镜，
我能让相似图形变相同……

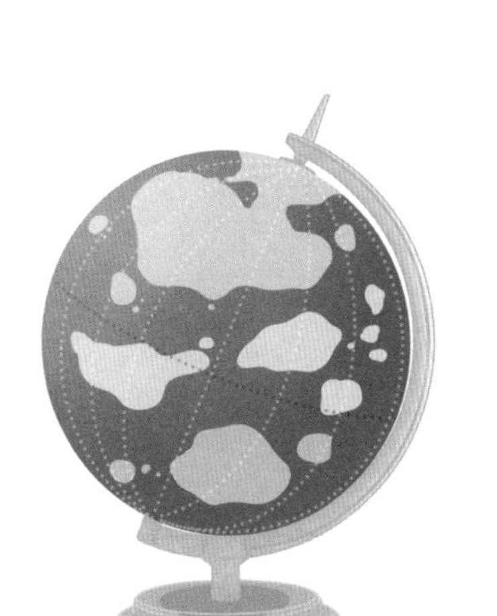

是不是只有宇航员才知道地球的模样？
——盯着地球仪看，你也能知道！

甲：我想的是 12 寸的培根比萨。
乙：我想的是 14 寸的培根比萨。
甲：它们不是同一个比萨呀！
乙：但我们都想到了比萨的形状……

- 大家所喜欢的拍照，就是利用相似，将喜欢的实物形象通过缩放记录下来。
- 放大镜、近视镜、望远镜等借助光的折射，实现了形象的相似变形。
- 两个图形如果相似，则存在如下规律：长度之比为 $a:b$ 时，相应的面积之比为 $a^2:b^2$，相应的体积之比为 $a^3:b^3$。
- 理论上高胖的人更抗冻，原因是：产生热量的细胞按立方规律变化，散失热量的皮肤按平方规律变化，立方增长速度快于平方增长速度。
- 从数学角度看，婴儿因为体积小，散失热量比成人更容易，应更需要注意保暖。
- 俄罗斯套娃，是一组大小不一、彼此相似的玩具。
- 雪花像俄罗斯套娃，“大的结构”与“小的结构”具有相似性：用不同倍率的放大镜观察同一朵雪花，所看到的图案是一样的——雪花“花枝”边界上长出的“小花枝”与“花枝”的模样相似。

风景太美了，我想把整座山带走……
——除了照片，你什么也带不走！

以后不要叫我们俄罗斯套娃啦……
——叫我们俄罗斯“相似娃”！

人们说世上没有两片一样的雪花……
——呀！我们只顾着自己与自己相似啦！

- 部分与整体相似的特点被称为自相似性——在几何图形中，将局部放大后会呈现出形状与整体完全相同的复制版本。
- 分形通常指某种形状在同一结构中以更小或更大的尺度反复出现。分形图案的关键特性即自相似性，如科赫雪花。
- 雅各布·伯努利研究的对数螺旋线具有自相似性：螺旋线被放大或缩小后样子不变。
- 从宏观到微观，某一样式在各个尺度重复出现，是自然生长的一种基本特性。
- 现实生活中具有自相似性的例子：海岸线、闪电、山脉、瀑布、人类的肺部结构等。

——————思考思考——————

小象身高为 4 米，体重达 5 吨，跑起来很快。如果用一支魔法手枪对准小象射击，射击后小象的身高变为原来的 2 倍，但胖瘦、模样不变。试推测：该变形是否会影响小象的奔跑速度。

科赫雪花：虽然我不在天上飘，
但我也是雪花……

放大或缩小后我还是原来的样子
——纵使大小有变化，但还是我！

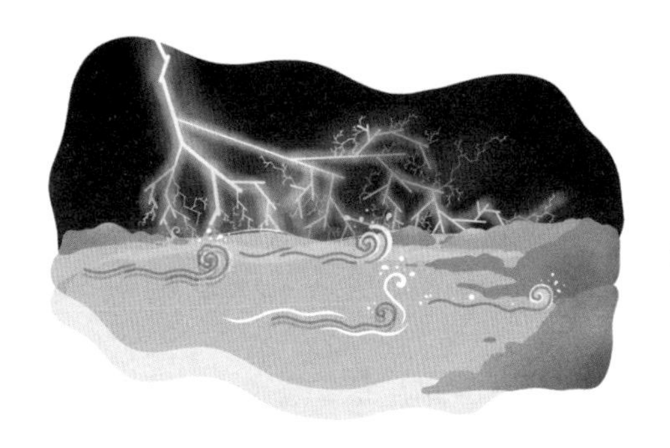

自然界为什么有那么多自相似性？
造物主难道也喜欢复制、粘贴？

小象可以长成大象，
但大象为什么不可以继续长成超大象？

【分析】小象胖瘦、模样不变，可理解为变形后的小象与变形前的小象“相似”。

【推测】根据相似可知：前后身高之比若为 1 : 2，则相应腿的横截面面积之比变为 1 : 4，相应体积之比变为 1 : 8——可看作前后体重之比为 1 : 8。

8÷4=2，由此可见，变形后的小象：腿部骨骼单位面积上的载重量为原来的 2 倍。

从小象腿部负重的角度看，变形后的小象在奔跑时，相当于变形前的小象负重奔跑——背负着另一个自己奔跑。变形后小象的步伐没有以前轻快了。

可以推测，该变形会影响小象的奔跑速度。

- 从相似角度分析可知：陆地上的动物，在身高持续增长时，其腿部骨骼负重会更快速地增加。这容易引起骨骼负载过重，使骨折的可能性增加。

- 想象：如果小象生活在水中，由于水的浮力可分担骨骼的负重，小象的身体型号或可再增加，继续长大变成更大的小象。

18. 方　阵

关于围棋的故事有下面几个。

①王质烂柯山遇仙童。

晋朝樵夫王质，到山中砍柴时巧入一石室。室内俩小孩儿正下围棋。王质被棋局吸引，便放下斧子立在一旁观棋。过了一会儿小孩儿说：“看够了，该回了。”王质听其言，俯身拾斧，却发现斧柄已朽作齑粉。待回村中，发现人间已过百年。此山也因此得名“烂柯山”。

②王积薪遇狐仙婆媳。

唐朝围棋第一国手王积薪，因安禄山叛乱而随朝南逃。途中借宿一老妇人檐下，夜阑难寐，恰听得婆媳二人对话，原来为消遣长夜，婆媳二人在盲棋对弈。王积薪听得三十六招，深觉十分奇妙，天亮后复盘请教，得婆媳指点，由此棋艺更进，无敌于人间。后知对弈婆媳实乃狐仙。

③刘仲甫骊山遇仙姥。

宋朝围棋大国手刘仲甫，棋艺登峰造极，世间难逢敌手，一日游骊山，偶遇一老媪，与之对弈，不想一败涂地，登时气急攻心，导致呕血。后知对弈之人乃骊山仙姥，而这局棋也因此被称作“呕血谱”。

围棋之境深不可测，从数量上分析，围棋的下法超过 2×10^{170} 种，这比整个宇宙的原子总数还多……

————漫话小知识————

- 围棋中的黑白子，与数学中的一个概念相关：方阵。
- 将对象横纵排列，构成正方形阵列，该阵列被称作方阵。
- 方阵中的概念如下。

①总数目：方阵中所含对象的总数量。右页的图 1 中总数目 $=5\times5=25$；图 2 中总数目 $=6\times6=36$；图 3 中总数目 $=7\times7-1\times1=48$。

②层：每个“□”为一层。右页的图 1 至图 3 都为 3 层方阵。图 1 最外层的数目为 $(5-1)\times4=16$。

③边：每层 4 条边。右页的图 1 最外层每边的数目为 5。

- 方阵将数量的展示方式丰富到二维空间，数量与空间建立起微妙的联系后，显现出新的规律。
- 类似地，将“一维”的横式数字谜转为“二维”的竖式数字谜后，可得到许多巧妙的新规律，如“金三角模型”。

不论是军人、小学生，还是一堆棋子，只要排成正方形阵列，就是方阵！

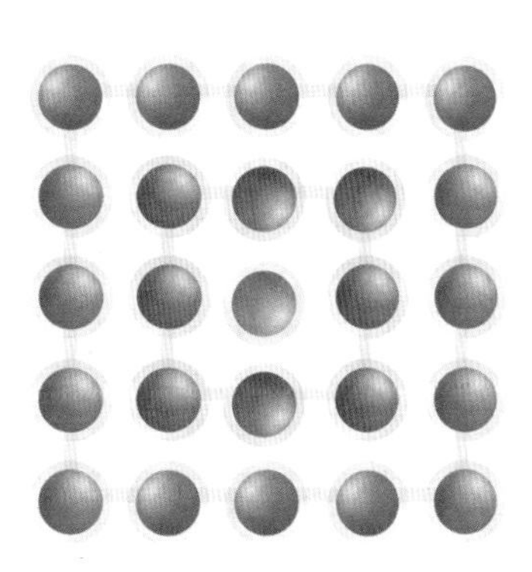

图 1：我是 3 层方阵；总数目是 25；
最外层的数目是 16；
最外层每边的数目是 5。

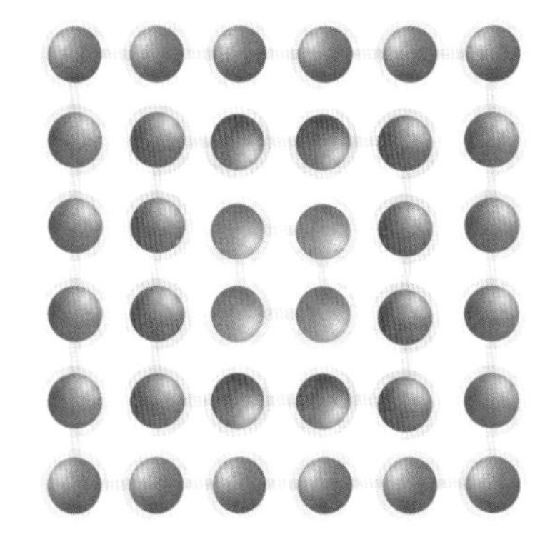

图 2：我也是 3 层方阵；总数目是 36；
中间层的数目是 12；
中间层每边的数目是 4。

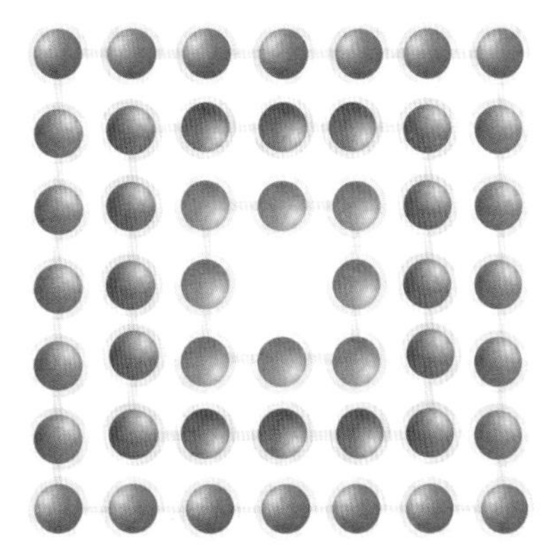

图 3：我还是 3 层方阵；总数目是 48；
最内层的数目是 8；
最内层每边的数目是 3。

- 方阵的分类如下。

①实心方阵：内部不可再容纳更多对象。如右页的图4所示。实心方阵的总数目即毕达哥拉斯所定义的“正方形数”。

②空心方阵：实心方阵中挖走一个实心方阵。如右页的图5所示。

③奇阵：每层中每边的数目为奇数。如右页的图5所示。

④偶阵：每层中每边的数目为偶数。如右页的图4所示。

- 方阵的特点如下。

①相邻两边：数目差2。

②相邻两层：数目差8。唯一的例外——奇阵最内两层数目差7。

③空心方阵的变阵：内部加一层；外部加一层；内部、外部各加一行一列。

- 中国古代常以“琴棋书画”来衡量人的文化素养，其中“棋”指的是围棋。

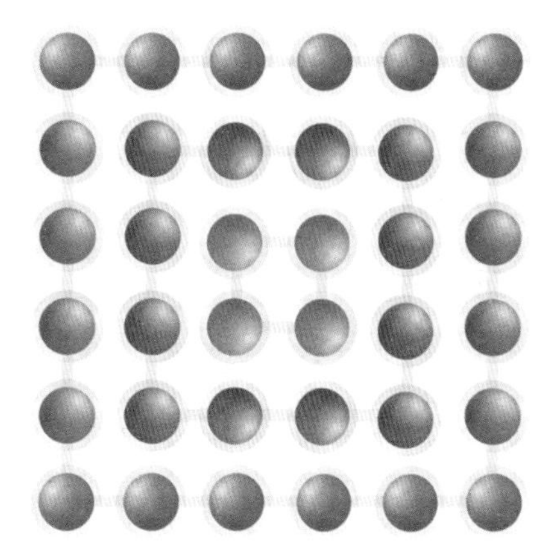

图 4：我是实心方阵，
我也是偶阵……

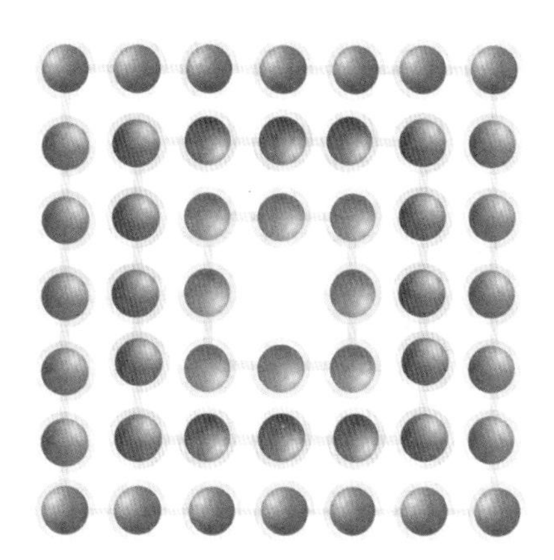

图 5：我是空心方阵，
我也是奇阵……

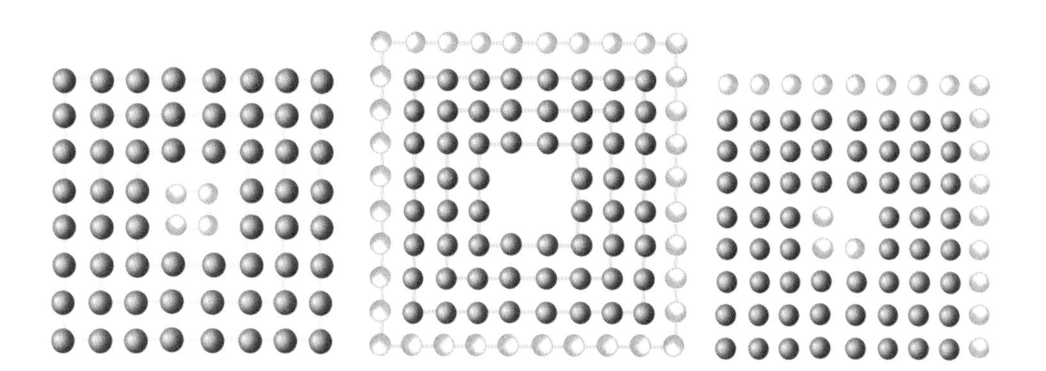

向左边看：在内部加一层，3 层空心方阵可变成 4 层实心方阵。
向中间看：在外部加一层，3 层空心方阵可变成 4 层空心方阵。
向右边看：在内部、外部各加一行一列，3 层空心方阵可变成 4 层空心方阵。

- 有类数学问题在日本被称为“药师算”，内容是：将棋子先排成一层空心方阵，再排成实心长方形阵，通过分析多余棋子数来计算棋子总数。
- 马其顿方阵，一种步兵作战战术。它将无序的队伍有序地组织，结成手执长矛等武器的正方形阵列，大大地提升了战斗力。
- 围棋，古时多称“弈”，西方称“Go”。围棋源于中国，相传由尧帝发明，用以教育他的儿子丹朱，启迪其智慧。
- 谷歌的“阿尔法狗”（音译自“AlphaGo”）击败了世界一流的围棋手而被授予荣誉九段——围棋手的最高等级。

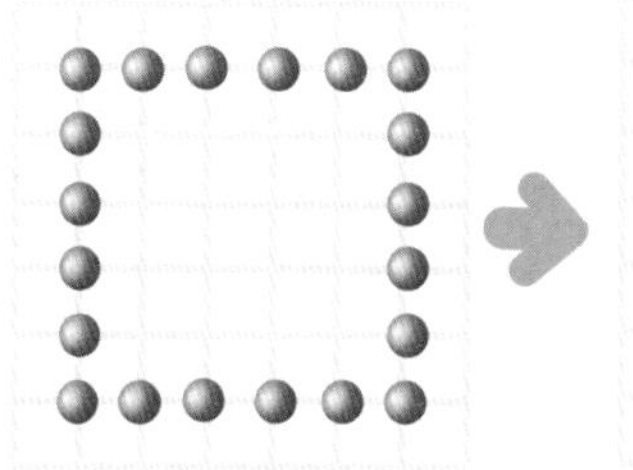

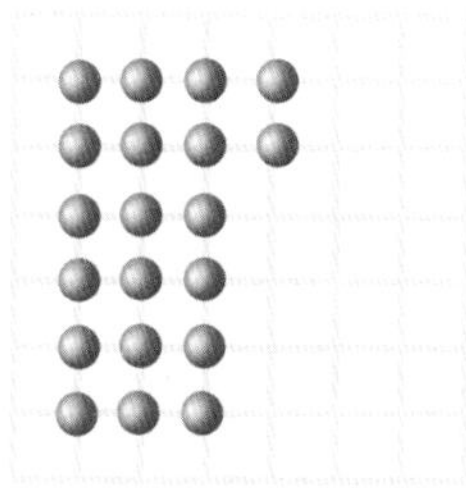

能总结出药师算的规律吗？
试一试：多余棋子数若为 6，
棋子总数为________。

排兵布阵太神奇了——
调整部队的站法，
居然就能提升战斗力！

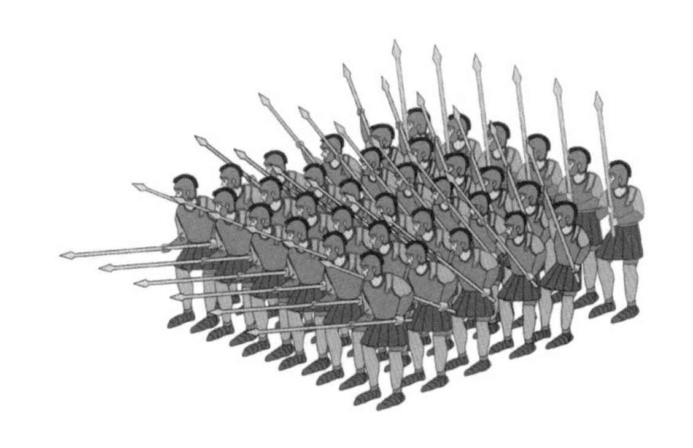

丹朱：我通过围棋习得了一种能力！
尧帝：什么能力？
丹朱：控制力！
尧帝：现在的控制力很好了吗？
丹朱：很好！现在输棋已经可以控制自己不掀棋盘啦！

——————思考思考——————

360 名学生排成一个 3 层空心方阵，请回答如下问题。

问题 1：方阵最外层每边多少人？

问题 2：如果增加一层，变成一个 4 层空心方阵，需要增加多少人？

【问题 1】

【分析】空心方阵，相邻两层差 8, 相邻的 3 层构成公差为 8 的等差数列。可先求中间层的数。

【解答】

中间层：360÷3=120（人）。

中间层每边：120÷4+1=31（人）。

最外层每边：31+2=33（人）。

【问题2】

【分析】3层空心方阵变成4层方阵，共有3种方法——

①内部加一层。

②外部加一层。

③内部、外部各加一行一列。

【解答】

①内部加一层：120-8-8=104（人）。

②外部加一层：120+8+8=136（人）。

③内部、外部各加一行一列。

内部加一行一列：(31-2-2)×2-1=53（人）。

外部加一行一列：(31+2)×2+1=67（人）。

共需要增加人数：53+67=120（人）。

19. 正六边形

先从两个“最高效”的例子说起——

第一个例子：一位玉石匠人为取材制作手镯，在一块长方形玉石板上画等大的圆，如何设计可画出最多的圆？

第二个例子：一位炮兵准备战斗，向长方体的木箱中装填等大的球体炮弹，如何堆积可装入最多的炮弹？

上述两个例子涉及数学中的一项内容：最高效填充。

第一个例子的思考：等大的圆最高效填充二维平面，应按蜂窝状填充。即以一个圆为中心，周围6个圆环绕中心圆相切排列，连接6个圆的圆心可构成正六边形。

上述蜂窝状填充为最高效填充，填充率约为91%。

第二个例子的思考：等大的球体填充三维空间，如何填充最高效？这个问题经开普勒研究后，被称为

“开普勒猜想”。

开普勒提出面心立方堆积最高效。约 400 年后开普勒猜想被证明。

上述球体最高效填充三维空间后，填充率约为 74%。

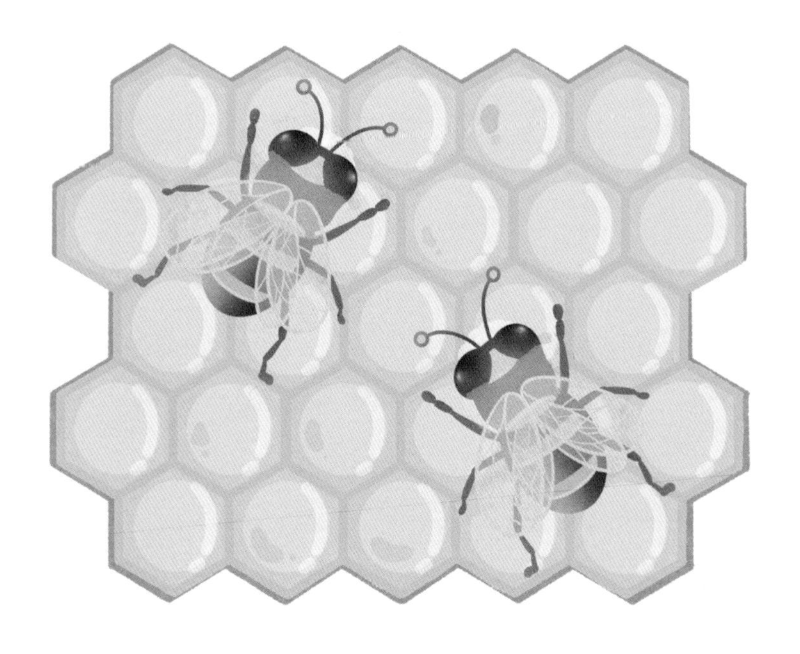

蜜蜂甲：“学霸”蜜蜂说按这种形状建造蜂巢最省蜂蜡！
蜜蜂乙：节省蜂蜡太有必要啦！

——————漫话小知识——————

- 上述玉石板取圆，与数学中的一个概念相关：正六边形。
- 正六边形：6条边都相等，6个内角都为120度的六边形。
- 多边形的希腊语polygon有多个角之意。正多边形指每条边相等、每个角也相等的多边形。
- 正六边形可以密铺——单一正多边形密铺只有3种选择：正三边形、正四边形、正六边形。
- 二维平面的密铺通常指不留空隙、没有重叠地用几何图形铺满平面的方式。
- 公元前3000年，苏美尔人已在建筑中使用过密铺的墙壁装饰。
- 蜜蜂巢室的横截面原为圆形——蜜蜂在巢内旋转着建造平行圆柱状的巢室，在蜂蜡张力的作用下，巢室横截面才由圆形渐变成正六边形。
- 等大的圆按蜂窝状填充二维平面，该填充方式最高效的结论由拉格朗日证明。

正六边形：每条边一样长，
每个内角等于 120 度……

赝品 1 号：我只有 6 条边相等，不是正六边形！
赝品 2 号：我只有 6 个内角相等，也不是正六边形！

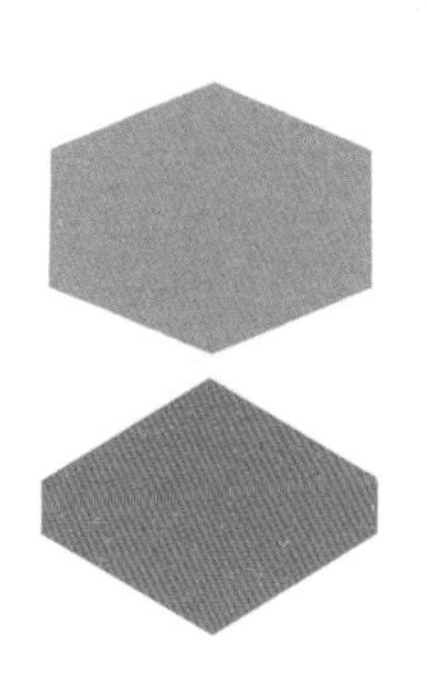

徒弟：为什么瓷砖会选正六边形？
师傅：因为它可以密铺二维平面……

什么是密铺二维平面？
就像用小块拼图组成完整的图片……

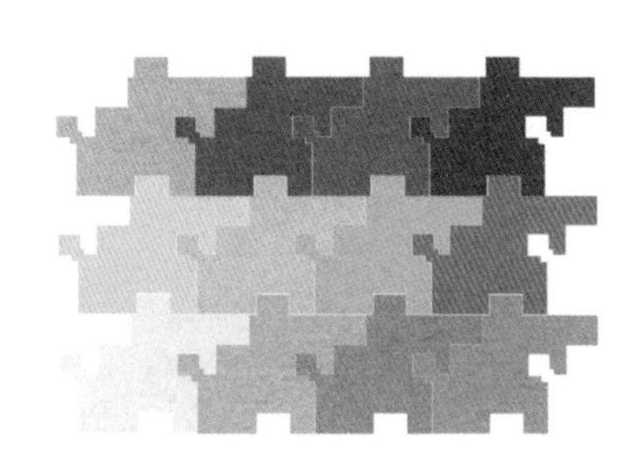

- 北爱尔兰的“巨人之路”大部分由横截面为六边形的天然石柱排列而成，俯视观察，极似正六边形地板的人工密铺。
- 中国神舟十三号返回舱表面的烧蚀层，其结构类似蜂窝结构，由数万个正六边形单元组合而成。
- 在立体空间排列等大球体时，面心立方堆积与六方最密堆积的排列效率最高。
- 面心立方堆积：每一层按蜂窝状最高效填充，层与层之间，上一层的球心与下一层的空隙对齐。第四层与第一层相同，是 $ABCABCABC$ 的层状结构。
- 六方最密堆积：每一层按蜂窝状最高效填充，层与层之间，上一层的球心与下一层的空隙对齐。第三层与第一层相同，是 $ABABAB$ 的层状结构。
- 圆的吻接数：与已知圆相接的等大圆的最大数量。此数为 6。
- 球体的吻接数：与已知球体相接的等大球体的最大数量。牛顿认为是 12，后人证明了 12 是正确的。

将军：你们的炮弹是如何堆积的？
士兵：报告将军！是按最高效原则堆积的……

面心立方堆积、六方最密堆积，该怎么分清楚呢？
记住相同点：它们都是三维最高效堆积……

牛顿：为了给后来的数学家们留一些作业，球体的吻接数为什么是 12 我就不证明了……

- 有些铅笔的横截面是正六边形。这类铅笔有这样一些特点：与圆形铅笔比不宜滚动；符合手指结构，握起来舒服；易于加工，节省材料。
- 螺母的横截面是正六边形。为方便扳手在有限的空间内每次旋转最大的角度，正多边形的螺母横截面边数越多越好，但边数太多又容易打滑，综合考虑后，最终选择了正六边形。
- 雪花可被看作正六边形。开普勒就是在他的著作《六角雪花》中提出了开普勒猜想。
- 开普勒猜想的证明发生于1998年，由美国数学家黑尔斯借助计算机完成。据说审查委员会花了4年时间审稿，最后对他的证明给出了这样的结论：黑尔斯的证明99%成立。

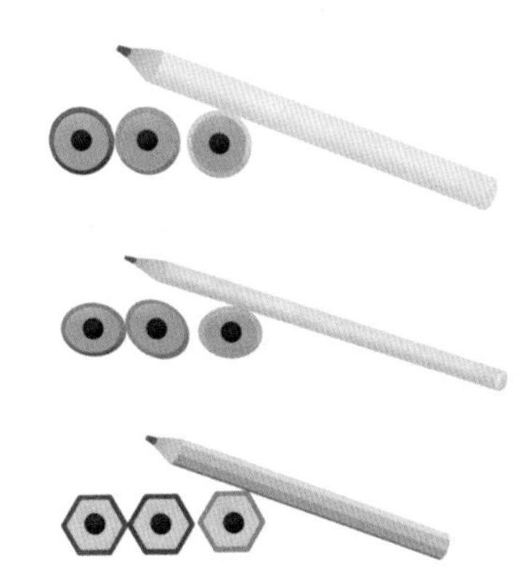

哪怕是“铅笔的形状”这个小问题，
也是包含许多数学的思考的……

俗话：设计师手中一条线，
工人师傅一身汗。
数学：我要帮设计师画好手中线……

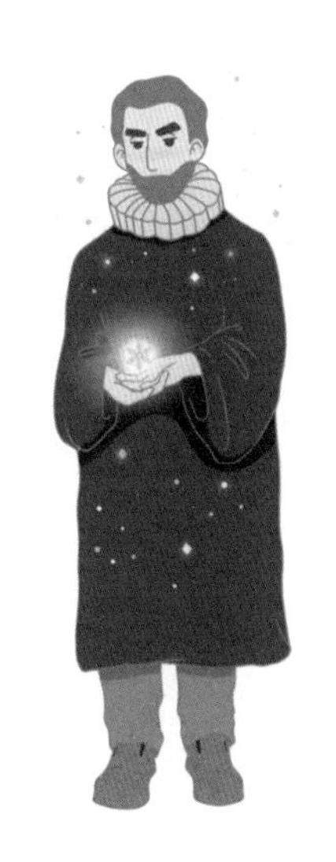

开普勒：不要认为我只是天文学家，
我也是数学家……

——————思考思考——————

如右图，连接大正六边形每条边上的中点，得到一个内接小正六边形。求大正六边形与小正六边形的面积之比。

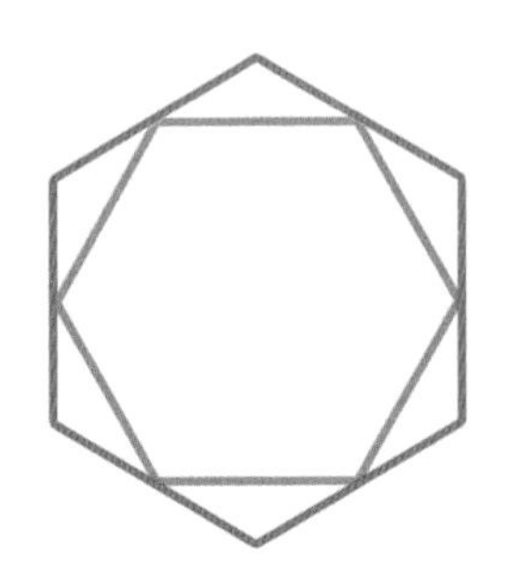

【分析 1】使用割补法。涉及的基础知识如下。

①三角形中位线分割的小三角形，面积为原三角形面积的$\frac{1}{4}$，如下左图所示。

②正六边形中分割的小三角形，面积为原正六边形面积的$\frac{1}{6}$，如下右图所示。

【解答 1】

假设大正六边形的面积为 1，则小正六边形的面积为 $1-\frac{1}{24}\times6=\frac{3}{4}$。

大正六边形与小正六边形的面积之比为 4 ：3。

【分析 2】使用三角形格点多边形皮克公式来计算面积，面积 =(边界点数 + 内部点数 ×2-2)× 每个小三角形的面积。

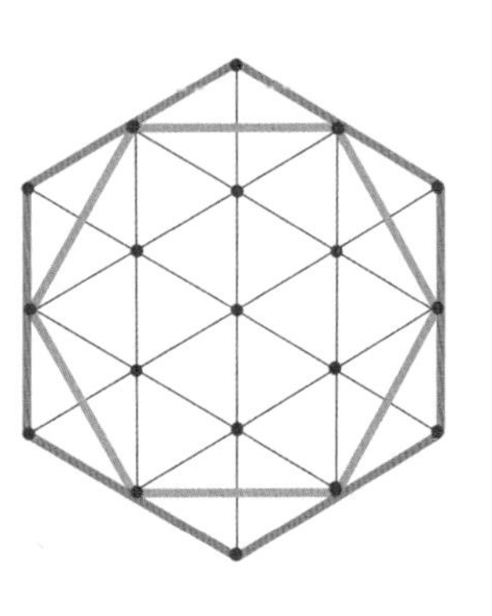

【解答 2】

假设每个小三角的面积为 1。由皮克公式可知：

大正六边形的面积 =(12+7×2-2)×1=24；

小正六边形的面积 =(6+7×2-2)×1=18。

大正六边形与小正六边形的面积之比为 4 ：3。

20. 割　补

地球表面分布着大陆和海洋，大陆漂移学说解释了海陆的分布问题——

德国气象学家、地质学家魏格纳躺在床上养病时，对世界地图的海陆形状产生了一系列思考。

为什么大西洋两岸的海岸线如此对应？如大西洋西岸南美洲的海岸线凸出，大西洋东岸非洲的海岸线相应凹陷，十分契合。

魏格纳由此提出大陆漂移学说：大陆曾是一个统一的、巨大的陆块，后来在一些力的作用下分裂并漂移，形成了现在大陆的模样。

魏格纳把大陆比作一张报纸，它被撕裂分割后，碎块彼此隔离。反过来，若可以将碎块完美拼接，则可以证明它们曾经是一个完整的整体。

后来人们分析彼此相隔的陆地上的地层构造、生物化石、地磁场等证据，这对大陆漂移学说提供了进一步的支持。

刘慈欣：这是一个在宇宙中默默流浪的地球。
魏格纳：这是一群在地球表面漂移流浪的板块……

——————漫话小知识——————

- 故事中大陆这块巨石的分割与拼补，与数学中的一个概念相关：割补。
- 割补在几何中应用广泛，它用以解决几何问题的思路在于：将不易求解的图形，通过分割或拼补化归成易求解的几何图形。
- 研究圆的面积的一种方法：将圆分割成小扇形，再将小扇形拼补成一个长方形，进而可得圆的面积 S= 长 × 宽 $=\pi r \times r=\pi r^2$。
- 在地球仪的制作过程中，先将地图分割成橘瓣似的小块，再把它们拼补在球体表面上。
- 可不可以将一张平面地图，在不破坏它完整性的前提下，弯曲成球面？反过来，可不可以将球面的橘子皮，在不破坏它完整性的前提下，展开成平面？
- 高斯绝妙定理指出：在不破坏完整性的前提下，弯曲图形的高斯曲率始终保持不变——这说明上述两个问题是无法解决的。

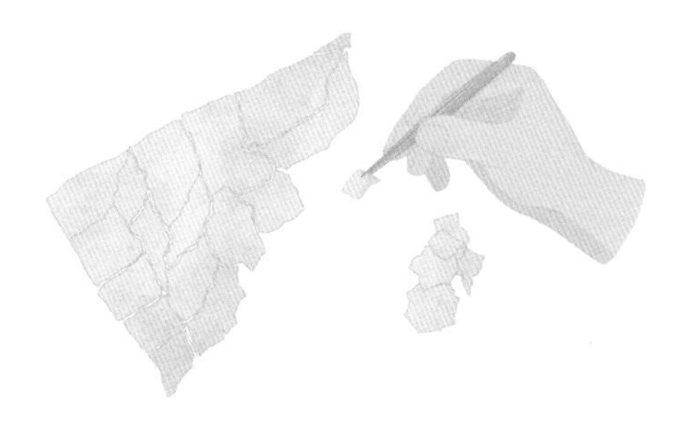

只要在合适的位置分割或拼补，
答案就会浮现在眼前……

为什么要把圆割成小块？
——为了把它拼补成长方形！

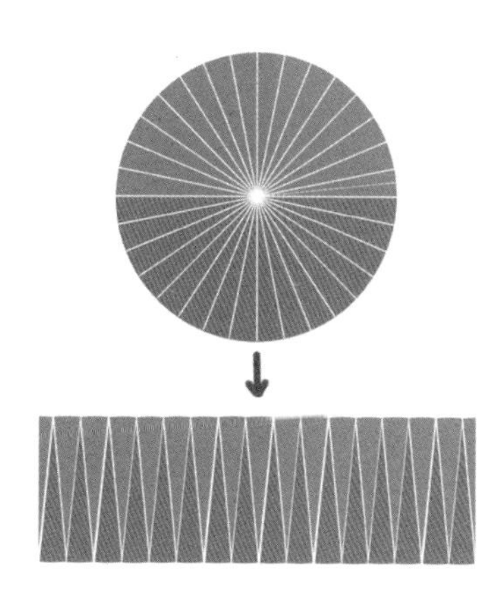

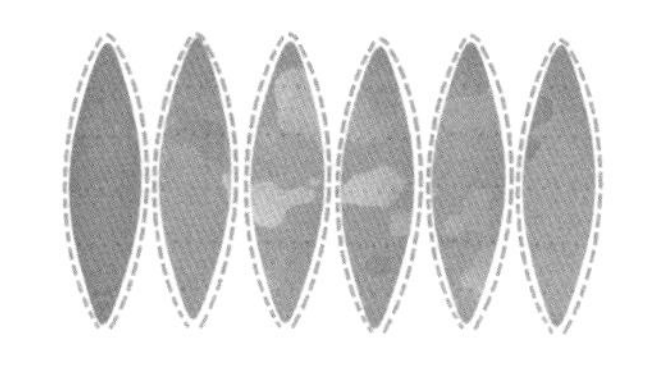

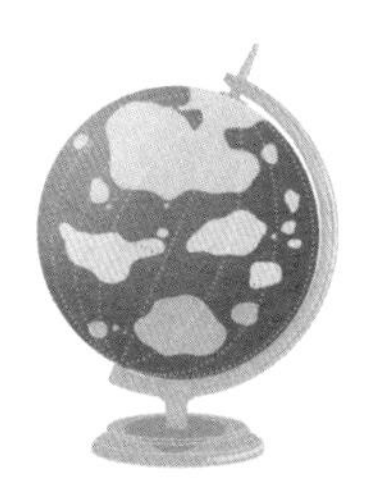

地球：我是由板块拼补而成的！
地球仪：谁还不是呢……

就算熨斗再厉害，
也熨不平一张橘子皮……

- 高斯绝妙定理也证明了：所有平面的世界地图，都存在一定程度的失真。

- 美国作家谢尔·希尔弗斯坦的《失落的一角》讲述了一个不完整的圆寻找失落的一角的故事，借此探讨了失与得、缺憾与完美等深刻的问题。从数学角度看，这也是一个割与补的故事。

- 在几何领域之外，也存在割补的故事：一位阿拉伯老人遗留给3个儿子11匹马，要求老大分$\frac{1}{2}$，老二分$\frac{1}{4}$，老三分$\frac{1}{6}$，且不可把任何整马分割或卖掉分钱。问：该如何分？

  上述问题被称为“分马问题”，通常这样解决：先补1匹马，之后老大分6匹，老二分3匹，老三分2匹，共11匹，最后取走补的那1匹。

- 类似补的操作也存在于“五猴分桃”的问题中：5只猴子分一堆桃。第一只猴先到，发现将桃平分成5份后多1个，于是将桃吃掉1个拿走1份；第二只猴到来后，也发现将桃平分成5份后多1个，于是也吃掉1个拿走1份；之后第三、四、五只猴依次到来，并做了相同的操作。问：原来桃最少有几个？

相信高斯，
平面地图一直都在说谎……

失落的一角：凡是被“割”丢的，
总想要“补”回……

阿拉伯人为什么要研究数学？
原因之一是遗产问题很受关注！

“烧脑”的数学问题实在太多啦，
连小猴子们也喜欢来难为我们！

- 解决上述问题的巧妙操作是先补上 4 个桃。如此，每只猴得到的桃都是整份数，所以补完之后的总数量是 5^5 的倍数，最少是 3125, 即原来桃最少是 3121 个。

- 魏格纳为寻找大陆漂移学说的证据，去往格陵兰岛探险考察，不幸遇难。

先补上 4 个桃子，
问题就大大地简化啦……

魏格纳：板块没有向我漂来，
我选择向板块漂去……

思考思考

问题 1：如下左图，直角三角形的三条边分别为 3 厘米、4 厘米、5 厘米。问：其内切圆的面积为多少平方厘米？（π 取 3.14）

问题 2：如下右图，长方形的长为 10 厘米，宽为 8 厘米，扇形的半径为 10 厘米。问：红色区域比蓝色区域大多少平方厘米？（π 取 3.14）

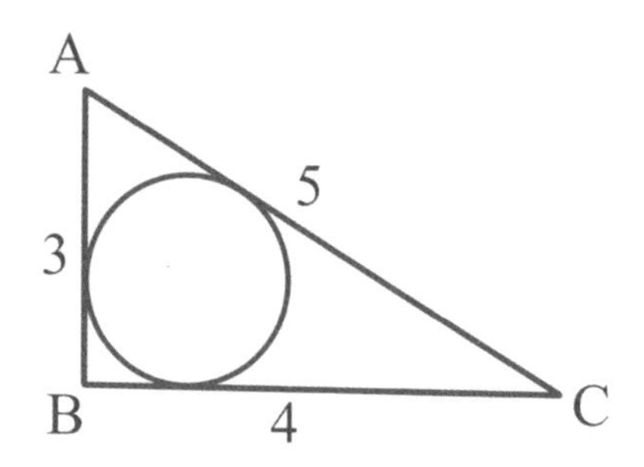

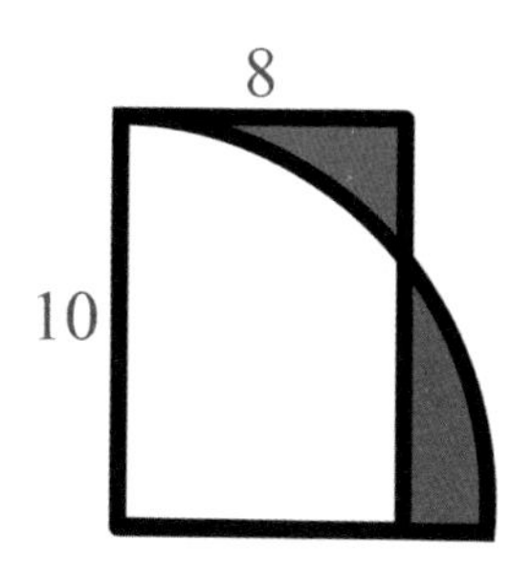

【分析】首先需要掌握如下基本公式。

三角形的面积 = 底 × 高 ÷2；

长方形的面积 = 长 × 宽；

圆的面积 $=\pi r^2$。

问题 1 可考虑割的方法。问题 2 可考虑补的方法。

【问题 1】

【解答】将原三角形分割成 3 个小三角形，先求半径 r，继而求面积。

$$S_{\triangle ABO}+S_{\triangle BCO}+S_{\triangle ACO}=S_{\triangle ABC}$$

$$1.5r+2r+2.5r=3\times4\div2$$

$$r=1$$

圆的面积 $=\pi r^2=3.14\times1^2=3.14$（平方厘米）。

【问题 2】

【解答】补上绿色区域后，红色区域与蓝色区域的面积之差 = 长方形与扇形的面积之差。

长方形面积 $=10\times8=80$（平方厘米）；

扇形面积 $=\pi r^2\div4=78.5$（平方厘米）；

两区域的差 $=80-78.5=1.5$（平方厘米）。

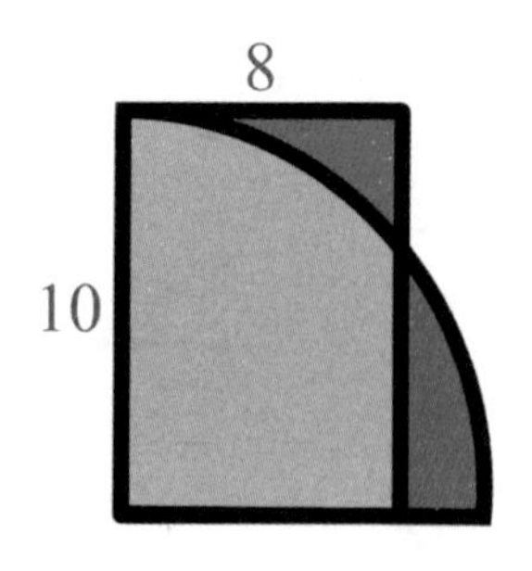

参考书目

[1] 爱德华·沙伊纳曼．美丽的数学[M]. 张缘，译．长沙：湖南科学技术出版社，2020.

[2] 伊恩·斯图尔特．不可思议的数[M]. 何生，译．北京：人民邮电出版社，2019.

[3] 笹部贞市郎．这才是最好的数学书[M]. 文子，李佳蓉，译．北京：北京时代华文书局，2015.

[4] 李有华．老师没教的数学[M]. 北京：电子工业出版社，2020.

[5] 莫里斯·克莱因．数学简史：确定性的消失[M]. 李宏魁，译．北京：中信出版社，2019.

[6] DQ麦克伦尼．简单的逻辑学[M]. 赵明燕，译．北京：北京联合出版公司，2016.

[7] 基思·德夫林．数学思维导论[M]. 林恩，译．北京：人民邮电出版社，2020.

[8] 理查德·曼凯维奇．数学的故事[M]. 冯速，译．海口：海南出版社，2019.

[9] 保罗·格伦迪宁．数学速览：分分钟掌握的200个数学知识[M]. 方弦，译．北京：人民邮电出版社，2019.

[10] 阿尔弗雷德·S·波萨门蒂．数学奇观：让数学之美带给你灵感与启发[M]. 涂泓，译．上海：上海科技教育出版社，2020.

[11] 帕利斯·巴尼斯．数学是什么[M]. 谭艾菲，译．上海：上海科学技术文献出版社，2020.

[12] 查尔斯·塞弗．神奇的数字零[M]. 杨立汝，译．海口：海南出版社，2017.

[13] 卡尔·芬克．数学简史[M]. 钟毛，李园莉，译．北京：中国华侨出版社，2020.

[14] 马尔巴·塔罕. 数学天方夜谭 [M]. 郑明萱，译. 海口：海南出版社，2018.

[15] 迈克尔·威尔士. 迷人的代数：代数学的发展历程及重大成就 [M]. 袁巍，译. 北京：人民邮电出版社，2020.

[16] 比尔·柏林霍夫，费尔南多·辜维亚. 这才是好读的数学史 [M]. 胡坦，译. 北京：北京时代华文书局，2019.

[17] 保罗·洛克哈特. 度量：一首献给数学的情歌 [M]. 王凌云，译. 北京：人民邮电出版社，2020.

[18] 让-保罗·德拉耶. 玩不够的数学：算术与几何的妙趣 [M]. 路遥，译. 北京：人民邮电出版社，2020.

[19] 杰罗姆·科唐索. 数学也荒唐：20 个脑洞大开的数学趣题 [M]. 王烈，译. 北京：人民邮电出版社，2020.

[20] 霍格尔·丹贝克. 你学的数学可能是假的：超简单有趣的数学思维启蒙书 [M]. 罗松洁，译. 天津：天津人民出版社，2019.

[21] 斯科特. 数学史 [M]. 侯德润，张兰，译. 桂林：广西师范大学出版社，2002.

[22] 拉斐尔·罗森. 数学极客：花椰菜、井盖和糖果消消乐中的数学 [M]. 钮跃增，译. 北京：中国人民大学出版社，2018.

[23] 亚当·斯宾塞. 数学时光机：跨越千万年的故事 [M]. 徐嘉莹，傅煜铭，译. 北京：人民邮电出版社，2020.

[24] 维克多·J. 卡兹. 简明数学史：第一卷古代数学 [M]. 董晓波，顾琴，邓海荣，译. 北京：机械工业出版社，2017.

[25] 维克多·J. 卡兹. 简明数学史：第二卷中世纪数学 [M]. 董晓波，倪凤莲，廖大见，译. 北京：机械工业出版社，2017.

[26] 维克多·J. 卡兹. 简明数学史：第三卷早期近代数学 [M]. 董晓波，孙翠娟，孙岚，译. 北京：机械工业出版社，2017.

后 记

数学不是只有做题。写“数学糖果”的初衷，是希望在课堂之外展示数学轻松有趣的一面，借此活跃小朋友们的思维，增加小朋友们对数学的兴趣。

《数学糖果 1》在出版后收到朋友们的很多反馈，十分感谢！

《数学糖果 2》在《数学糖果 1》的基础上做了一致性的延续与尝试性的调整。

思路设计：与《数学糖果 1》一致，《数学糖果 2》每篇借开篇故事引入一个数学知识点，通过发散的思考与系统的总结展示与该数学知识点相关的“网状”内容。

形式设计：《数学糖果 2》设计了更易阅读的版面；绘制了更有趣的配图；搭配了简明扼要的配文；增加了呼应主题的数学小思考……

在《数学糖果 2》完成之际对各位亲朋好友再次表示感谢！谢谢家人们的支持，谢谢胡琳的帮助！谢谢朋友们的鼓励，期待之后有更多沟通的机会！特别感谢绘制配图的李旭同学，热烈讨论漫画设计的夏日周末让人难忘，谢谢合作！